国家"十二五"出版规划重点图书

中国农业科学院
研究论丛
农业经济与发展研究所

第 2 辑

农村小型灌溉 管理体制改革研究

Study on Rural Small Irrigation Management System Reform

● 刘 静 著 ●

中国农业科学技术出版社

图书在版编目（CIP）数据

农村小型灌溉管理体制改革研究／刘静著．—北京：中国农业科学技术出版社，2012.11

（中国农业经济发展研究论丛）

ISBN 978 – 7 – 5116 – 1110 – 9

Ⅰ.①农…　Ⅱ.①刘…　Ⅲ.①农业灌溉 – 灌溉管理 – 管理体制 – 体制改革 – 研究 – 中国　Ⅳ.①S274.1

中国版本图书馆 CIP 数据核字（2012）第 251083 号

责任编辑　　朱　绯
责任校对　　贾晓红　郭苗苗

出 版 者　中国农业科学技术出版社
　　　　　　北京市中关村南大街 12 号　邮编：100081
电　　话　（010）82106626（编辑室）（010）82109702（发行部）
　　　　　　（010）82109709（读者服务部）
传　　真　（010）82109707
网　　址　http://www.castp.cn
经 销 者　新华书店北京发行所
印 刷 者　北京富泰印刷有限责任公司
开　　本　787mm ×1 092mm　1/16
印　　张　8
字　　数　115 千字
版　　次　2012 年 11 月第 1 版　2012 年 11 月第 1 次印刷
定　　价　25.00 元

前　言

2004 年至 2010 年间，中央"一号文件"连续 7 年聚焦"三农"问题，2011 年的"一号文件"在锁定"三农"的同时，首次聚焦水利建设，将水利上升到"经济安全、生态安全、国家安全"的高度。原因在于同交通、通信等基础设施建设相比，水利设施建设明显滞后，水资源短缺、水利基础设施建设薄弱是制约我国经济社会发展的突出矛盾，直接影响我国农业稳定发展和国家粮食安全。为此，必须大兴农村水利，加强农田水利等薄弱环节的建设，切实消除水利的瓶颈制约，有效缓解目前我国农业生产发展的突出矛盾。

本书是在相关课题研究报告的基础上撰写而成的。这些课题从不同的方面对农村小型灌溉管理体制改革进行了研究，内容包括我国水资源概况、水资源管理制度分析、农村灌溉管理改革对农作物产量、灌溉供水、农民收入、贫困人口影响的实证分析等。我们的研究课题得到 2009 年度和 2011 年度中央级公益性科研院所基本科研业务费专项资金、世界银行、英国国际发展部等资助。在课题研究和书稿撰写的过程中，我们召开了多次学术研讨会，农业部、水利部、中国农业科学院、中国农业大学、世界银行以及英国国际发展部相关领导和专家提出了许多宝贵意见和建议，本书稿正是在上述意见和建议基础上修改完善而成，在此表示衷心的感谢。

本书著者今后将继续在灌溉管理体制改革方面进行研究，期待本书出版后能够得到读者的积极反馈，从而更好地完善今后的研究。

刘　静

目录

第一部分
水资源管理概述

刘静

研究背景

2004 年至 2010 年间，中央"一号文件"连续 7 年聚焦"三农"问题，2011 年的"一号文件"在锁定"三农"的同时，首次聚焦水利建设，将水利上升到"经济安全、生态安全、国家安全"的高度。原因在于同交通、通信等基础设施建设相比，水利设施建设明显滞后，水资源短缺、水利基础设施建设薄弱是制约我国经济社会发展的突出矛盾，直接影响我国农业稳定发展和国家粮食安全。为此，必须大兴农村水利，加强对农田水利薄弱环节的建设，切实消除水利的制约瓶颈，有效缓解目前我国农业生产发展的突出矛盾。

无论中国还是世界其他国家，都投入了相当大的努力研究节水技术提高农作物灌溉用水生产效率，这些节水技术包括固定管道技术、移动管道技术、滴灌、喷灌等。但是同传统农业技术相比，对农民而言大多数节水技术需要较高的实施成本，难以大范围推广。因此，在实践中单纯依靠农业工程技术并不能实现农业灌溉的可持续发展，必须还有辅助于相应的社会经济政策（Sampath，1992）[①]。

水价是实现水资源持续利用的重要工具。原则上讲，水价应该能反映包括外部性在内的总的价格。但是在实践中，水价受到收入分配和政治目标等因素的影响将会低于真正的价格。例如，专家小组的研究结果表明在中国由于政治阻力影响对用水的"级别定价"几乎无法实施。因此合适的水资源管理政策对确保未来水的可获得性具有重要意义。原则上说，水资源是一种可更新的"公共物品"，单个的私人没有动力去保护水资源。如果所有水资源使用者达成合作协议采取可持续的方法使用水或政府运用政

---

① Rajan K Sampath. Issues in irrigation pricing in developing countries. World Development. 1992，20（7）：967 – 977.

策工具（法规或经济手段）干预调整个体用水户沿着社会最优方式使用水，就可以实现水资源的有效使用。

　　中国政府和农民已在灌溉工程方面进行了巨大的投资，尽管如此，灌溉系统仍然存在许多问题，特别反映在较低的渠水利用系数和用水效率，这主要是由于灌溉系统管理、运行和维护不善造成。灌溉管理不善产生的根本原因在于灌溉系统是由政府或政府机构管理的，而政府或政府机构对当地灌溉系统状况掌握的信息有限（Reidinger，2000）①。

 ## 二　水资源管理的概念框架

　　自 20 世纪 60 年代以来，在水资源管理方面出现的 3 个新的概念（水资源可持续发展、水资源一体化管理和水资源经济价值）和 4 个我们称之为都柏林宣言的指导原则（具体见专题 1），更新了传统的水资源管理理论。当前发展中国家，水资源管理体制的改革和建立建设性的水资源管理新体制主要关注两方面的问题：调整水价和建立合适的水资源管理制度（Bromley，1999）②。这两个问题紧密相关，正确的水资源管理制度是实施正确水价的前提。水资源政策改革的主要方面是将原来以供给为主导的水资源管理方式变为以需求为主导的管理方式。本小节主要是对水价和水资源管理制度这两个领域的理论和实践进行回顾评述，在此基础上给出在中国从事水资源管理研究的概念框架。

---

① Reidinger Richard and Voegele Juergen. Critical Institutional Challenges for Water Resources Management，World Bank Resident Mission in China，2000.

② Bromley J，Butterworth J A，Macdonald D M J，et al. Hydrological processes and water resources management in a dryland environment I：An introduction to the Romwe Catchment Study in southern Zimbabwe. Hydrological and Earth System Sciences，1999，3（3）：321 – 332.

（一）供给论点和需求管理

江河是人类文明的摇篮，人类文明的发源地总是同一些主要河流有关。这个事实说明，能够获得饮用水、利用水进行农业生产和交通运输等对人类生存发展至关重要（Biswas，1997）①。人类在使用水的历史中获得了很多有价值的水资源管理的实践经验和基本原理。

对应于不同的水资源禀赋和社会发展阶段，各个国家对水资源管理的知识经验随着时间发展不断地增加。不同国家形成了不同的水资源管理体系，各自带有鲜明的社会、文化、政治和经济发展特征。从历史上看，虽然各个国家水资源管理体系有很大的不同，但工程或技术手段是所有国家水资源管理的基本手段，例如通过增加水资源供应量来满足需求。水资源硬件管理主要是通过工程和技术手段开发、贮存、运送和处理水。

近几十年来，由于人口增长、城市化和经济发展，水资源稀缺在世界范围内愈演愈烈，水资源危机时有发生。目前在很多干旱半干旱地区正发生水资源危机。农业、生活和工业等部门对有限水资源的竞争已经限制了许多国家的经济发展，因而通过开发新的水资源来满足不断增加的水需求的水资源供给战略时代已经结束了。目前水资源管理的目标已经从提供更多的水转变为设计水的需求和使用政策来影响用水户的行为，需求管理已占据水资源管理政策的主导地位（Winpenny，1997）②。

专题1 三个概念和四个原则

面对日益严重的水资源短缺危机和水资源使用问题，水资源的持续发展、一体化管理和水资源经济价值3个基本概念已经成为水资源管理的新的思潮。

---

① Biswas A. Water Development and the Environment，Water Resources Development. 1997，13（2）：53 – 64.

② Winpenny J T. Demand management for efficient and equitable use，in Water：Economic，Management and Demand，Melvyn Kay，Tom Franks and Laurence，1997.

人们对可持续发展有几种定义。1987 年挪威首相布伦特兰夫人在她任主席的联合国世界环境与发展委员会的报告《我们共同的未来》中，把可持续发展定义为"既满足当代人的需要，又不对后代人满足其需要的能力构成危害的发展"（WECD，1987）[1]。生活在当代的人应该考虑到未来后代的生活权利（Bromley，1999）[2]。以水资源为例，水资源的可持续发展是指水资源的使用量不能超过其补给量。

一体化的水资源管理主要是指水文循环，水文循环是不以人的意志为转移的自然形成的全球水资源分布，从本质上说它是一个自组织系统。由于水维持着生命，有效的水资源管理需要通盘整体考虑，必须将社会、经济发展同生态环境保护结合起来，同时，要将集水区域内或地下水蓄水层范围内的水资源使用同土地资源结合起来。

水是生命之源，必须充分认识到所有人最基本的权利就是能以付得起的价格获得干净安全的水和卫生设施。传统上人们认为水是社会的而且是免费的，没有意识到水具有经济价值，从而导致浪费用水并对环境造成损害。随着水资源短缺危机的加剧，水资源的经济价值有很大提高。为了有效公平地使用水资源并且鼓励保持和保护水资源，将水资源作为经济物品去管理是一种重要的手段（Winpenny，1994，1997）[3]。

另一方面，有关水资源和可持续发展的都柏林宣言是水资源政策制定和执行的重要文件。都柏林宣言的 4 个指导原则如下：

[1] Report of the World Commission on Environment and Development（WECD）：Our Common Future. World Commission on Environment and Development. 1987.

[2] Bromley J，Butterworth J A，Macdonald D M J，et al. Hydrological processes and water resources management in a dryland environment I：An introduction to the Romwe Catchment Study in southern Zimbabwe. Hydrological and Earth System Sciences，1999，3（3）：321 −332.

[3] Winpenny J T. Managing water as an Economic Resources. Rouledge for the Overseas Development Institution（ODI），London，1994.
Winpenny J T. Demand management for efficient and equitable use，in Water：Economic，Management and Demand，Melvyn Kay，Tom Franks and Laurence，1997.

> 原则1：淡水资源是有限和珍贵的，它对人类生存发展和环境至关重要；
>
> 原则2：水资源开发和管理应建立在包括水资源使用者、计划制定者和政策制定者等各个层次参与的基础之上；
>
> 原则3：妇女在水资源供应、管理和维护方面起着至关重要的作用；
>
> 原则4：在所有竞争性用途中水资源具有经济价值，应被当作经济物品。

1. 日益加剧的水资源问题和供给论点的失效

对人类生存和社会发展而言，水资源是重要和有限的。在20世纪之前，由于人口数量较少，经济活动不频繁，因此，水资源的供给和需求矛盾并不突出。在20世纪尤其是40年代末期之后，伴随着快速人口增长、工业化和城市化，全球的水资源使用量有了巨大提高，几乎是以前的10倍左右。随着各种用途水资源使用量的增加，许多国家开始面临水危机（Biswas，1997）[①]。每年国内可更新水资源量低于人均1 000立方米时，认为水资源可获得性对社会经济发展和环境保护有严重限制作用，人均水资源低于2 000立方米的国家面临严重的水资源短缺局面。到20世纪末约有超过40个国家的人均水资源拥有量低于上述最低限。

在大部分国家，对水资源危机的本能反应是增加水资源供应，这种供给论点在30多年中一直是水资源发展战略的基础。当面临未来水资源供给不能满足日益增长的需求时，政府一般会全面研究水资源状况，增加供给。具体包括：假定不受限制情况下，预测水资源需求量；权衡不同的增加水资源供给的方案；从不同方案中优选出以最低的成本满足需求的方案；交由公共机构实施该方案；对水资源价格进行补贴。简而言之，传统的解决水资源问题的主旨是中央计划和指令、公共机构、供给论点、补贴

---

① Biswas A. Water Development and the Environment，Water Resources Development. 1997，13（2）：53－64.

和依赖行政和法律手段对水资源供应进行分配和控制水污染（Winpenny，1997）①。

在供给论点战略指导下，随着时间推移对水资源需要不断增加，为此各国政府必须不断地增加对现存水资源的开采利用来持续增加水资源供应量。表现为发展中国家兴修了大量的灌溉工程，这些工程对增加粮食自给率、缓解贫困和促进农村发展发挥了巨大作用。随着水资源短缺日益加剧，很多国家面临如下一些水资源问题（Winpenny，1994）②：

（1）增加水资源供应量面临自然条件限制　为满足日益增长的人口和消费水平，对水资源的需求只有不断增加成本，未来开发新的水资源的供给成本将远远高于过去。

（2）虽然水资源很短缺，但对水资源浪费使用的情况普遍存在　小社区、大都市、农业、工业、发展中国家和发达国家都对水资源管理不善。受城市工业废弃物的污染，大部分地表水质量下降，浅层地下水受地表水影响也受到污染，而深层地下水则存在过量开采、海水入侵和坍塌等问题。

（3）由于水价政策尚未达到预期效果，所以不能回收水资源供应成本　水资源管理实体及其赞助商都无法负担日益增加的水资源供应的资本投入、运营和管理费用。

（4）农业不仅是世界上耗水量最大的部门，而且还是低效率高补贴的用水者　尽管灌溉工程投资和补贴巨大，灌溉性能指标依然低于对农产品产量增加、灌溉面积增加和用水技术效率提高的预期。在灌溉农业中，大约有60%的水在渠道和抽水过程中损失了。与此同时，我们还期望未来灌溉农业能用比现在少的水生产出更多农产品。

出现上述问题有三个方面的深层次原因：

---

① Winpenny J T. Demand management for efficient and equitable use, in Water: Economic, Management and Demand, Melvyn Kay, Tom Franks and Laurence, 1997.

② Winpenny J T. Managing water as an Economic Resources. Rouledge for the Overseas Development Institution (ODI), London, 1994.

——水价太低

——水是公共物品

——环境外部性

最核心最重要的原因是未将水资源作为经济物品即商品看待。大部分国家，水是以零或极低的成本无限量地供应给消费者。水资源管理部门的主导思想是以增加水供给为主，不愿意积极采用价格手段而是采用非经济手段分配水资源，在一些部门仍存在水资源的低价值使用。水价的制定通常单纯是为了回收成本，而大部分实践情况（如农业）证明水价政策并未达到回收成本的作用。现存的矛盾状况是对日益短缺的水资源越补贴越阻碍水资源保护和废弃污染物减少。因此为了应对日益加剧的水资源问题，强烈需要引入需求管理机制重新配置现有的水资源，鼓励更有效率、更公平的水资源使用。

2. 需求管理

水资源的需求管理政策强调更好的使用现有水资源而不是开发新的水源。需求管理的重点是减少水资源浪费、经济用水、发展有效使用水资源的方法和设备，创造激励机制，让水资源供给者和使用者都能更仔细地有效使用水，改善供水成本回收机制、重新按照由低到高的使用价值配置水资源。私人部门的作用是通过水资源管理转权、经济手段（如价格和市场）和其他与供求匹配的方式影响用水群体和消费者的行为管理水资源。一般需求管理采取的措施是将水资源价值同它的供应成本相联系，刺激消费者依据成本大小调整水资源使用量，需求管理就是将水资源当作经济资源来对待（Winpenny，1997）①。

需求管理的目的是在水资源供给给定情况下，能够尽可能的按最优使用模式配置水资源。理论上，当不同用水者用水边际价值相等时可以实现水资源最优分配。这种理论上的最优模式在现实世界是无法达到的，但是采用需求管理后可以使现有的水资源分配向最优化靠拢。在实践中，把水

---

① Winpenny J T. Demand management for efficient and equitable use, in Water: Economic, Management and Demand, Melvyn Kay, Tom Franks and Laurence, 1997.

当作商品意味着较少的浪费。将水用在真正有价值的方面，同采用经济环境上成本昂贵的新的更优化的供给方案相比，需求管理更倾向使用重新配置现有水资源，提高其使用效率。

综合的需求管理政策应该包括三个相互增强行为：在条件合适地区中央政府制定政策；为用水者提供专门的激励措施；执行上述项目或计划（Winpenny，1994）①。

合适的条件是创造每个人都与水有关，并且将水当作商品的一种环境。这样水资源部门会重新审视影响水资源的经济政策，从而导致法律和制度改革。

许多水资源使用问题可以归咎为水资源供给和使用是通过计划、法令、管理和财政补贴的。大部分情况下，正是水资源的法律和制度不完善造成无法更有效地使用水资源。许多发展中国家，水权不明晰，水法也没有很好地执行。水资源的管理权限在不同部门机构之间分割，从而导致部门间的利益冲突、权责不清、出现问题相互推卸责任等情况。此外，水资源管理服务机构通常过分庞大和工作效率低。因此需要从法律上界定水资源所有权，消除水权模糊不清，确定在哪些情况下水资源可以被转让并赋予政府权力，依据公众利益获得或分配水资源。水资源管理制度改革应该允许水资源管理不同部门的市场运行和私有经营者的参与。在灌溉系统中，公共机构可以采取更商业化的操作和更有权力代表当地社区或用水者协会的利益或向私人农民卖水。

宏观部门的经济政策可能是造成水资源使用问题的深层原因。人为的较高的农产品价格支持政策将会抵消合理的灌溉用水价格的节水效果；同样的，如果农产品价格下降，提高水费将会给农民增加负担从而迫使小部分农户离开农业。所以水资源政策应该同其他经济政策相协调。

需求管理目标的实现很大程度上依赖于创造出激励机制，引导用水者更理性地使用水。这些激励政策既包括市场手段也包括非市场手段。

---

① Winpenny J T. Managing water as an Economic Resources. Rouledge for the Overseas Development Institution（ODI），London，1994.

主要的市场手段是水价和水市场。提高水价是最直接的鼓励节水和将水资源配置到更高使用价值方面的手段。根据排污量进行收费是间接的提高水使用成本的手段。当用水者之间已经建立了良好的惯例或合法权利使用水资源，若想对水资源重新配置则必须在水的买卖双方形成市场。水权交易提高了使用水的机会成本并且给用水者激励让他们按照水的边际价值使用水，将节约的水在水市场上销售给他人。一些国家已经出现了地下水和地表水市场、水拍卖、水银行和可交易的水权等各种水资源的交易形式。

非市场手段是指"命令和控制"手段。它们有各种不同的形式，如限制、配额、标准和公共信息服务等。

第三类直接干预措施是指在特定工程中的政府干预，例如，渠道衬砌、减少渗漏以及促进节水技术实施等。

（二）水　价

1. 水价的概念

水价是指水资源管理部门或机构对水资源使用制定价格。传统水资源定价的目标是：创造收入回收投资用于水资源日常运行维护管理费用和扩大水资源体系；鼓励节约用水促进水资源使用效率提高；通过减少废水排放量保护水质（Teerink and Nakashima，1993）[1]。

从理论角度看，制定水价应该建立在完全供给成本基础之上，包括长期边际供给成本、机会成本和环境成本（Meinzen-Dick and Rosegrant，1997）[2]。当水的价格等于完全供给成本时，每个用水者所需要和消耗的用水量，是他从最后一单元水使用量所得到的效益等于最后一单元水的成本即水的边际效益等于价格时的数量，当所有用水者都达到这个均衡时，

---

[1] Teerink, John R. and Nakashima, Masahiro, Water allocation, rights, and pricing: Examples from Japan and the United States. World Bank（Washington, D. C.），1993.

[2] Meinzen-Dick R. & Rosegrant M. W. Water as an economic good: Incentives, institutions, and infrastructure. In M. Kay, T. Franks, & L. Smith（eds.），Water: Economics, management, and demand, London: E&FN Spon, 1997.

整个社会用水也会达到最大效益。当然，如果按照完全边际成本定价所需要的信息非常繁杂。不同地方和季节，水的机会成本、外部性和供给成本差异很大，因此，即使是应用复杂的研究方法也不可能计算出一个让大家都接受的价格（Briscoe，1997）①。

在水资源定价方面有很多方法，成本服务定价是传统的水资源定价方法即水价同提供的特定服务相联系，这些服务主要包括供水投资成本、日常行政、运营和维护费用。当供水单位是私人的，在水价中还要包括投资回报，成本通常通过水费和税收来回收。

依据消费者支付能力制定水价的方法是社会收入再分配的一种方式。水价低于供给成本是为了保证低收入阶层能获得生活用水，在这种情况下，产生的收入赤字会得到政府补贴或由其他现有的资源弥补或通过其他阶层收入者得到补偿。这种定价方式只能用于那些没有能力支付全部供水成本的低收入者。

公共投资建设水利工程是会采用机会成本定价这种方法。在这种情况下，水价的制定主要是为了收回投资实际成本，我们在理论上假定公共投资的社会价值可以量化，它的机会成本是由于投资该项目而放弃的其他项目中所能得到最大的投资效益的那个数量。在机会成本定价中，水对消费者的真正价值是由他所愿意支付的价格和消费量多少来表现的。增加的（或边际）成本定价是指增加的最后 1 单元的水的价格与供应最后 1 单元水的成本相等，即水的边际价格等于边际成本。根据经济学基本原理，当对消费者采取边际成本等于边际效益的原则来收费时，整个社会水的使用和分配是有效率的。严格地说，还应将环境成本和效益计算在内。市场定价是建立在这样的理论基础之上，在分权的市场体系中消费者可以在实际的消费价值和潜在的消费价值之间进行权衡。供给和需求决定价格，价格的波动反映供求变化。完全的市场定价体系要求重建水权体制，使水权可以在不同的所有者之间进行出售和转让。

---

① Briscoe J. Managing water as an economic good：Rules for reformers. Water Supply，1997，15（4）：153－172.

2. 水资源定价实践

在实践中，有两大类型的水价结构或水价目录：统一费用或固定价格和递进收费或依据用水量收费。

尽管所有不同发展阶段的国家都收取水费，但水费通常被当作回收成本的手段而不是需求管理的工具。大部分发展中国家，为了增加粮食生产促进农村发展，政府对灌溉工程提供巨大补贴，向农民收取的水费非常低，仅仅能部分弥补日常运营维护成本。据预计，20 世纪 80 年代中期，亚洲 6 个国家政府对灌溉的平均补贴达到总运营维护成本的 90%（Repetto，1986）[①]。近年来，很多国家试图通过收取水费来使灌溉工程运转。

发展中国家大部分地表水灌溉管理中，对个体农民收取水费的依据不是灌溉用水量而是灌溉面积，这种收取水费的方式不能为节约用水提供激励。在灌溉水费收取中，按方计量收取水费可以为节约用水提供激励，水表是采用按方计量水价的必需设备和前提条件（Meinzen-Dick and Rosegrant，1997）[②]。

以色列的水资源管理中，水价运用非常成功。由于水资源非常短缺，以色列的水资源管理很大程度依赖需求管理。以色列需求管理政策是法律和行政手段的综合，通过许可证和分配体系严格限制水资源的使用。最基本的用于阻止无效率使用水资源的是水表、水价和配额。所有的用水都要计量，政府给用水者发放许可证，这个许可证每年都要更新。以色列采取的是级别定价策略，不同的水资源消费量收取不同的价格，水的消费量越高支付的水价越高。随着需求管理政策的实施和节水技术的应用，以色列的灌溉面积由 1948 年的 30 000hm² 增加至 1990 年的 213 000hm²，每公顷灌溉用水使用量由 20 世纪 50 年代的 8 700m³ 降至 80 年代末的 5 700m³，与此同时每公顷农作物产量和每单位水的产量有极大提高，从每立方米水

---

① Repetto Robert. Skimming the Water：Rent-Seeking and the Performance of Public Irrigation Systems. Washington D. C. ：World Resources Institute，1986.

② Meinzen-Dick R. & Rosegrant M. W. Water as an economic good：Incentives, institutions, and infrastructure. In M. Kay, T. Franks, & L. Smith（eds.），Water：Economics, management, and demand，London：E&FN Spon，1997.

1kg 农作物增加至 2.5kg（Tuijl，1993）①。

（三）水市场

1. 水市场和水分配

市场是配置资源的有效机制。传统的市场定义是指买卖双方出售购买商品、服务和资源的场所。市场是指在一定时间内大量互不相干的消费者和生产者自愿地同时作出购买出售决策（Katz and Rosen，1994）②。在水市场上，水的重新配置是在一定价格下自由交换某种形式的水权，这种水权可以有一定时间限制也可以是永久的。构成水市场的是买卖双方水权的相互作用，水市场是一种机制，可以是正式的也可以是非正式的，主要是为了有助于水权在买卖双方之间的交换。人们预期水市场能带来的主要效益是在水资源使用者之间重新配置水资源，实现现有水资源最优配置，提高水资源使用的经济效益。和有效率的水价政策相比，水市场的优点是灵活地对不同用途水资源的临时需求变化作出调整，按从低到高的使用价值重新配置水资源。在一个功能完善的水市场中，所有水资源使用者的边际效益是相等的，水资源配置达到了帕累托最优（Strosser，1997）③。

功能完善的水市场的必要条件是：产权清晰，水权供给和需求的信息畅通，有法律和实际场所保证交易进行（Curie，1985）④。在上述三个必要条件中，最重要的是明确界定的水资源产权。当社会成员在对水的所有权、使用权和转让权作决策时，不同的水权的状态将会构建不同的激励和非激励机制。为了让市场的参与者客观地估计水权的价值，必须建立安全的隔离区域将他们排除在同拥有转让水权的成本效益相联系的活动之外，

---

① Improving water use in agriculture：Experiences in the Middle East and North Africa. Tuijl, Willem van. World Bank（Washington，D. C.），1993.

② Katz M L & Rosen H S. Microeconomics.（2nd ed.）Boston：Richard D. Irwin，1994.

③ Strosser，P. Analysing alternative policy instruments for the irrigation sector. PHD dissertation，Agricultural University，Wageningen，The Netherlands，1997：243.

④ Curie Madalene Mary. "A distinct policy which forms a market within the California State Water Project"，Water Resources Research，1997：November，No. 11.

并且尽可能地让他们免受他人干扰。只有在上述前提下，市场参与者才能作出有关水使用和转让的理性决策。为了建立有效配置水资源的水市场，产权的界定必须清晰、排他、可转让、完整和具有强制性。

水权持有者作出理性决策的关键是存在公开的可获得的信息。有关买水者、卖水者、仲裁者、经纪人以及水文学等的信息都是与市场有关的。水市场持续存在的前提条件是界定清晰的一系列转让规则和对转让者而言转让发生的实际可能性。在上述条件之下，如果市场交易要发生，卖者接受的价格至少要等于先前出售水权的利润加上交易和运输成本；买者则期望购买水的回报高于他付给卖者的价格加上相关的交易和交通成本；对于买者而言，与购买水权相关的市场总成本必须低于最低成本的水资源供应替代方案。

出售、出租和特许合同是水市场交易的主要形式。出售是水权的永久转让；出租只是出售水并不是水权，在出租情况下，水权的拥有者仍然是出租者，当出租合同到期时水权仍属于出租者，出租更合适水的供给需求出现短期变化的情况；特许合同是一种长期的出租水权协议，适用于出现给定的特殊紧急情况（典型的如发生干旱），这种特许合同一般较少出售水权。

水市场还远远不是一个完善的市场。从理论观点来看，市场完善的必要条件包括：买卖双方的数量非常大，以致于任何单个个体都不能影响水价；买卖双方自由的参与水资源交易；产品的同一性；市场上所有潜在参与者都可以获得完善透明的信息；资源具有完全流动性；不存在外部性和交易成本。然而，水资源本身的特点使上述条件只有在非常少的特殊的情况下才能实现。真实情况是：水资源本质上是公共物品；很少有大量的买者和卖者；水资源使用有很多外部性；水资源交易中交易成本很高会导致市场失灵，这也是公共部门干预水资源管理的主要理由（Strosser，1997）[1]。

---

① Strosser P. Analysing alternative policy instruments for the irrigation sector. PHD dissertation，Agricultural University，Wageningen，The Netherlands，1997：243.

2. 现有的水市场及其功能

水市场在很多国家已经存在了很长时间。有关水市场的文献描述不多，主要有西班牙南部传统灌溉系统地表水交易；美国西部灌溉系统中灌溉水资源交易可追溯至 20 世纪 50 年代前；印度古吉拉特地区的地下水交易（Shah，1985）①。智利、西班牙和美国有关水市场的实证研究是证明水市场在资源配置中效益的有意义的证据。

在研究制定水资源政策时人们通常将智利作为一个成功的例子，因为智利的水市场是非常有效和具有可操作性的。智利水资源政策的基础是1981 年的水法，在这部水法中明确界定了地表水和地下水的产权归属。目前还生效的 1981 年水法既是智利政府谋求未来提高水资源使用效率的产物，更重要的它是加强私人产权的产物。

1981 年水法中一些非常明显的特征如下：

（1）水权和土地所有权完全分离，水权可以自由地转让、出售和购买。这些私有产权受民法通则中的产权法的保护；

（2）申请新的水权不受水资源用途的限制而且不同用途的水资源没有优先权；

（3）水权由政府免费分配，当大家同时申请同样的水权时采取投标方式；

（4）政府解决水事纠纷的作用非常有限，主要依赖私人协商和司法机构；

（5）除了水资源普通的消费用途，还引入了水资源非消费用途的概念，非消费用途是指享有使用水资源的权利但有义务必须保证水资源的质量和人们的行为确保水资源能及时更新。

地表水的产权通过单位时间流量表示，当水供应不足时水权同径流量有一定比例关系。有关地下水专门和地方的规定中必须考虑到地下水资源

---

① Shah，Tushaar. Transforming ground water markets into powerful instruments for small farmer development：Lessons from the Punjab, Uttar Pradesh and Gujarat, mimeo. Institute of Rural Management, Anand, Gujarat, India 388001. 1985：January.

的耗竭。成立对同一资源全部使用者的较大强制性协会组织时，法律的强制性是伴随协会始终的。水资源在农业部门之间的转让是最经常发生的，其次是水资源由农业部门转向城市，这种转让通常伴随水权的转让。水市场运转良好时，水的交易可以成功地减少对兴修新的灌溉工程的需求，同时还可以提高灌溉效率。但是诸如外部性、回流、渠道的运营和维护以及环境等问题的解决需要进一步完善水市场的功能（Gazmuri，1994；Hearne and Easter，1995）①。

同智利一样，西班牙阿利坎特的灌溉冲积平原上水的所有权同土地所有权也完全分离。在分配水资源时按照固定比率轮换，每一次水资源分配时任何水权持有者所能得到的水量多少是不同的，主要依赖他每次获得的水权的大小。每次分配水之前都会贴出告示，表明从何时开始并且通知水权所有者应该在给定的时间内享受他们的水权或申请水，一旦开始配置水资源，水权持有者可以在公共拍卖场所或私下自由地进行水权交易。社区会努力为农民提供有用的信息让他们理性地购买和出售水，同时从事水权交易的经纪人也会帮助农民进行水权交易。研究表明阿利坎特的水市场在增加地区净收入方面是最有效率的，同时该市场在水资源配置公平性方面也名列前茅（Chang and Griffin，1992）②。

地下水市场在印度的古吉拉特已经有 60 ~ 70 年历史了，这些水市场主要存在于灌溉区域，由机井的所有者向其他农民出售水，本质上它是一种租赁市场，在某些情况下机井的所有者成为唯一的水资源供应者。地下水资源是一种公共资源，一旦打了机井地下水就变成了机井所有者的私有财产，由于没有对地下水开采量的限制，机井所有者可以自由地抽取地下水出售给其他农民。这些地下水总是现场出售采取现金交易，金额的多少由抽取时间长短决定。地下水市场的存在有助于提高水资源使用效率。地

①　Gazmuri R S. Chilean Water Policy. Short Report Series on Locally Managed Irrigation. No. 3. Colombo, Sri Lanka：IIMI，1994. Hearne，Robert R.，Easter，K. William. Water allocation and water markets：An analysis of gains-from-trade in Chile. World Bank（Washington，D. C.），1995.

②　Chang Chan and Ronald C. Griffin. "Water Marketing as a Reallocative Institution in Texas." Water Resources Research，28（1992）.

下水市场的主要问题是蓄水层耗竭引发的环境问题，在古吉拉特的一些地区已经出现了上述问题。

巴基斯坦的水市场吸引了很多研究人员的注意力。Strosser（1997）①曾总结了巴基斯坦5种类型的水交易：部分渠道配水先后时间交易，全部渠道配水先后时间交易，出售购买地表水，出售购买地下水，地下水和地表水之间的交易。渠道灌溉水交易主要是一种短期交易涉及部分农民灌溉水的先后次序，是为了配合渠道管理部门配水的不确定性。地下水交易具有双重作用：一是增加了灌溉用水的数量，二是弥补了地表水的不稳定性。水市场功能的发挥受到水资源本身数量质量特征、农民以及农业生产战略的影响。地下水市场对农民总收入有显著影响，对八个河道样本的计算表明，地下水对实际总收入的影响达到40%。由于对地下水的开采没有严格的规划，地下水市场极大地减少了蓄水层的含水量，增加了土壤盐渍化程度。

（四） 水权体制和水资源管理

1. 权利、财产权和产权体制的概念

你所拥有的权利是指在道德上或法律上你所享有的或能做的事。权利同时具有法律和修辞的成分，具有说明（或标准）和描述成分。拥有某种权利就是具有号召集体力量（如一些权威机构）维护某人的利益。只有当权威机构或社会体制维护权利拥有者的利益时，该权利才能生效产生某种特定结果。权利是社会接受的强制的标准，一个人的权利意味着其他所有人的义务。权利不是某一主体同客体的关系，而是不同主体同某一客体的关系。财产权则将法律权力延伸至客体和利益领域。

财产权是指财产所有者同其他有关这一财产的关系。财产权保证了财产所有者（或使用者）在未来能获得利益并且要求其他人尊重这一产权。拥有财产权确保能控制未来所获得的利益。对未来利益保护程度的大小取

---

① Strosser P. Analysing alternative policy instruments for the irrigation sector. PHD dissertation, Agricultural University, Wageningen, The Netherlands, 1997: 243.

决于财产权的结构并且同其他的社会关系和有用性有关（Bromley，1991）①。由于财产权是社会制度的一部分，财产权会随着社会的发展而发展是一个动态的概念。

产权体制是法律上相互关联的一组规范，界定了不同个体同特定环境资源的关系。产权体制是产权特征和结构的不同组合，主要的产权体制有国有产权体制、私有产权体制、共有产权体制和没有产权。

2. 外部性和产权

自然资源是稀缺的而且有些用途是不相容的，这意味着一个人对资源的使用会影响其他人的福利，不可避免的会对其他人产生外部效果。任何时候只要公司或个人从事某项活动时不考虑对他人的影响就会发生外部性。外部性可以是正的也可以是负的。大部分自然资源的使用和环境问题都是具有负的外部性。从产权观点看，由于很多资源的产权有名无实所以会产生外部性问题，通过仔细清晰的界定产权，外部性问题可以内部化。许多滥用自然资源和和环境问题的根源就在于产权模糊不清。

3. 产权、物品和资源的特征

产权特征的不同决定了不同产权，而产权特征同它所拥有的物品或资源的特征紧密相关。产权主要有 6 个特征：排他性、可分性、可转让性、灵活性、The quality of title、使用期限，具体见图 1 - 1（Devlin and Grafton，1998）②。

排他性是指在任何情况下产权持有者都可以排除其他人使用同一资源。可分性是指产权所拥有的资源在实际中可以划分成一定的单位。可转让性是指产权可以在使用者和所有者之间进行交换。灵活性是指产权可以随着资产和所有者的变化而发生变化。The quality of title 表明谁在法律上拥有该产权。使用期限是指该产权生效的时间范围。

---

① Bromley D W. Environment and Economy：Property Rights and Public Policy. Oxford：Blackwell，1991.

② Devlin，Rose Anne，Grafton，R. Quentin. Economic rights and environmental wrongs：Property rights for the common good. Edward Elgar（Cheltenham，UK and Northampton，MA，USA），1998.

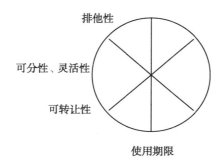

图 1-1 产权的特征（Quality of title）

（资料来源：摘自 Devlin and Grafton，1998）

产权的另一个核心问题是指该产权所拥有的物品或资源的特征。如果一个人使用该物品阻止其他人对该物品的使用，该物品就具有竞争性或排他性。如果某种资源的使用减少了其他人对该资源的使用量，则该资源就是可耗竭的。如果某种资源有大量的人在使用时会对其他人造成负面效果，则该资源就是拥挤性的并且不具有竞争性。

根据排他性、竞争性和外部性程度的不同，Devlin 和 Grafton（1998）将物品和资源划分为 4 个类型：私人物品、公共物品、俱乐部物品和共同所有资源，具体见图 1-2。公共物品是指该种物品或资源既不具有竞争性也不具有拥挤性，而且还具有非排他性。共同所有资源是指该资源同时具有竞争性和非排他性。俱乐部物品是指该种物品或资源具有拥挤性和相对容易的排他性。同时具有排他性和竞争性的物品就是私人物品。由图 1-2可以看出，由于公有资源使用的排他性很困难，所以竞争性和外部性会很大而且界定共同所有资源的相关产权很困难，这也从另一个侧面反映了共同所有资源在实践中不能很好管理的原因。

4. 产权体制

国有产权体制是指自然资源使用和管理的所有权和控制权掌握在政府手中，由不同的政府机构来行使这些权利。政府可能直接管理控制国有资源，也有可能将国有资源租赁给集团或个人使用。国有森林和公园等都是国有产权体制的例子。如果政府有足够的能力运用手中的权力行使自己的

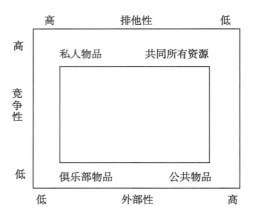

图 1-2　物品资源的特征

（资料来源：摘自 Devlin and Grafton，1998）

职权代表公众的利益，国有产权体制将会保护自然资源用于公众和后代。

　　国有产权体制使美国的国有公园土地面积自 20 世纪初以来增加了 20 倍左右，而国有野生动物保护地自 1950 年以来增加了 5 倍左右。当政府比较软弱，它的合法性很容易受到损害并且政府机构控制它所授权的资源使用者行为的能力很弱时，就会存在资源恶化的倾向，这主要是由于政府没有足够的能力面对商业利益的巨大力量。很多发展中国家的森林砍伐过度就是实践中典型的例子。因为在国有产权体制下，政府官员通常并不依赖自然资源为生，他们缺乏激励机制来很好地管理和控制资源即存在委托代理问题。将资源使用的决策者同受益者分离所造成的结果是恶劣低下的资源管理。很明显国有产权体制发挥最好的功能的前提是：非市场利益占统治地位并且这些利益是由公众享有，个人或集团没有对资源的优先权利，政府机构有方法和能力强制执行它的权力并且排他成本很高。

　　私人产权体制是世界上最常见的产权类型。私人产权体制是指对物品或资源的所有权属于个人或公司，私人产权包括控制权、转让权、使用权、受益权以及所有者其他几方面相关的权利。私人产权并不一定就意味着个体的产权，合作产权同样也是私人产权，只不过这个产权归一个团体所有，同样私人产权也不表示产权所有者的绝对控制。私人产权受法律和政府法令保护，私人产权体制是市场经济的基石。

一些经济学者认为私人产权体制是唯一的能有效管理保护自然资源的机制（Alchain and Demsetz，1973；Barzel，1974；Coase，1960；Demsetz，1967；Furubotr and Pejovich，1974；North and Thomas，1977）[1]。对外部性准确的经济描述表明，通过自然资源私有化可以将资源使用者对他人造成的经济成本内部化。这一论点在下述经济理论假设情况下可以成立：决策者拥有完全信息，所有资源都是可分的和具有流动性的，决策者无法影响要素或产品市场的市场价格，很明显这些假设在现实中是不存在的。私人产权无法成功地界定很多俱乐部资源的产权归属。当资源的价值主要是商业价值，排他成本很低并且产权的法律地位很明确时，私人产权是最有效的。

在环境方面的文献中，有关共同所有资源存在很多混淆的概念。许多人将共同所有资源同公有资源混淆。在过去十年中 Gordon 和 Hardin 将公有资源这一问题阐述得很透彻，人们已经完全清楚这二者的区别（Bromly，1991；Ciriacy Wantrup and Bishop，1975）[2]。

共同所有产权是指由社区团体中所有成员联合拥有和使用某种资源。从最基本层次而言，共同所有产权同私人产权在排除非社区团体的成员在资源使用和决策这种意义上是类似的。在共同所有产权体制内，团体中每

---

[1] Alchian, A. A., and Demsetz, Harold. The property Right Paradigm, Journal of Economic History, 1973, 16：16 – 27.

Barzel, Yoram. A theory of rationing by waiting, Journal of Law and Economics, 1974.

Coase, R. The Problem of Social Cost. Journal of Law and Economics. 1960：3.

Demsetz, Harold. Toward a theory of Property Rights. American Economic Review, 1967, 57：347 – 359.

Furubotn, Eirik G. and Pejovich, Svetozar. "Property Rights and the Behavior of the Firm in a Socialist State：The Example of Yugoslavia", in Furubotn, Eirik G. and Pejovich, Svetozar（eds）, The Economics of Property Rights, Cambridge, MA, Ballinger Publishing Cy, 1974：227 – 251.

North, D. C. and Thomas, R. P. The first economic revolution. Economic History Review, 1977, 30：229 – 241.

[2] Bromley, D. W. Environment and Economy：Property Rights and Public Policy. Oxford：Blackwell, 1991.

Ciriacy-Wantrup, Siegfried and R. Bishop. "Common property´as a concept in natural resource policy," Natural Resource Journal, 1997, 15：713 – 727.

一个成员都有相应的权利和责任。共同所有产权体制包括：交换权，在团体内部分配净的经济剩余权，次级管理系统和作为强制体系必需部分的权力机制。当整个复杂的体系中任何部分遭到破坏，整个系统就会出现故障并且停止运行。当社区团体不能执行规则，很难界定自然资源界限或很难排除非社区成员使用该资源，共同所有产权就是无效的。与此相对，当共同所有产权体制可以反映集体的利益和偏好，个体排他成本很高，非市场利益和市场利益的比例很高，资源开发的技术进步率相对较低时，共同所有产权体制相对具有比较优势。

实践中到处都存在共同所有产权体制。非洲、瑞士、秘鲁、厄瓜多尔和玻利维亚等国家地区的很多农民对草场拥有共同产权。亚洲、非洲和中东等国家的渔业都是共同所有产权，而日本的森林和林地则属于共同产权。

公有产权根本就不存在任何产权。在公有产权体制下，个体或团体在使用稀缺资源时不需要考虑使用同一资源的其他人的利益。在公有产权情况下没有产权，唯一遵循的原则是"先到先得"。每个人都可以使用，没有人有产权，所以公有产权体制的本质是没有法律。

大部分环境问题都可以追溯到公有产权问题。由于空气和水的所有权无法界定，就会出现污染；同样由于不存在谁有权捕鱼的限制，就会出现渔业的过度捕捞现象；由于没有控制地下水的制度安排，就出现了地下水过度开采问题。公有资源会导致管理权的缺失或崩溃，所以权力机构的目标就是引入和加强一系列行为规则规范对特定资源的使用。很多环境问题的解决方法通常是解决公有资源问题。

5. 获得权力混合

现实中，管理自然资源需要结合不同的产权体制，这种混合的产权体制是过去社会、文化、政治和经济等变量的函数。共有产权资源是数千万人们管理自然资源生存和生活的一种方式，成功管理自然资源主要依赖这些资源的产权方式。

在西欧和美国，地下水产权同土地产权相联系。英国河岸权法令中明确规定土地所有者对地下水有绝对的所有权。地下水同其他矿物质如石油和天然气一样，其所有者会过度地开采使用或浪费，根本不考虑理性地使用地下水，同时也不考虑对其他从同一盆地开采地下水的人所产生的影响。政府将会通过合理使用地下水准则、开采许可、开采登记以及收费报告制度等来规范地下水使用。

在以色列和许多发展中国家，地下水产权属于国家，地下水的使用者只有使用权。在一些亚洲国家如印度和尼泊尔，地下水的产权是共有产权制度。

（五） 共有产权资源的本质和制度安排

地下水是一种特殊的共有产权资源。共有产权资源是指这样一种自然或人为的非常大的资源系统，该系统如果排除潜在资源使用者通过使用资源受益的排他成本非常高昂（但并非不可能）（Ostrom，1994）[①]。在地下水管理中由于共有资源本身的特性引发了地下水管理的很多困难。地下水使用者由于水文边界的物理特性是相互联合使用该资源的，同土地资源不同，地下水资源无法分割成不同单元。由于联合使用地下水，使用者进行抽水决策时缺乏激励机制考虑外部性问题。因此，如果没有合适的产权混合体制或政府规定，必然会出现过量开采和由此引起的相关环境问题。因为地下水资源的物理特性使界定其产权成本高昂而且不可行，地下水的使用面临免费进入过量开采问题（Ostrom，1990，1996）[②]。

1. 三个模型

为解决共有资源问题，有三个有影响力的理论模型：公有地的悲剧，

① Ostrom, Elinor, Roy Gardner, and James Walker. Rules, Games, and Common-Pool Resources. University of Michigan Press, 1994.
② Ostrom, Elinor. "Governing the Commons. The Evolution of Institutions for Collective Action". Cambridge University Press, 1990.
Ostrom, Elinor. "Incentives, Rules of the Game, and Development." In Proceedings of the Annual World Bank Conference on Development Economics 1995, 207 ~ 234. Washington, DC: The World Bank, 1996.

囚徒的困境以及合作行为的逻辑（Ostrom，1994）。

自 1968 年 Garrett Hardin 在科学杂志上发表了具有挑战性的文章开始，"公有地的悲剧"已经成为表示很多个体使用共有资源造成环境恶化问题的代名词。Hardin's 从一个理性的牧羊人的角度检验了"公有地悲剧"的结构。每一个牧羊人都会从他自己的羊群获得直接经济利益并且会承受由于自己或其他人过度放牧引起公有资源恶化所造成的滞后成本。现代资源经济学标准分析得出结论表明，当有大量使用者使用公有资源时，所使用的资源总量总是大于最优的经济水平（Perman and Ma，1996）①。依据 Hardin's 的逻辑，"公有地的悲剧"可以用来描述公有资源问题。

Hardin's 的模型经常会用博弈论中"囚徒的困境"（PD）来表示。囚徒的困境在博弈论中被称为所有参与者拥有完全信息的非合作博弈。在非合作博弈中参与者的交流沟通是被禁止的或不可能的。在囚徒的困境博弈中，每一个参与者都有一个占支配地位的战略即不论其他参与者如何选择，他总是会选择对自己好的战略。在给定假设条件下，当所有参与者都选择了占支配地位的战略后就会产生一个均衡，这个均衡并非帕累托最优结果。上述个体最理性战略导致集体的非理性结果的悖论挑战了传统的基本理论，即个体理性人选择总是会获得集体理性最优结果。

与此紧密联系的观点是 Olson 在 1965 年提出的集体行动的逻辑，该理论主要说明将个体联合起来共同获得集体福利的困难性。Olson 对团体为了获得利益而会进行合作这一理论假设提出质疑。Olson 认为除非这个团体的人数很少或存在高压政治或其他特殊策略使个体为了公共利益而行动。理性的、自我为本位的个体将不会为公有或集体利益而行动。

上述三个模型的核心问题是"免费搭车"问题。当不能将某人排除获得其他人创造的利益时，每个人都不愿为集体付出努力而是选择免费搭车享受其他人的成果。如果所有参与者都选择免费搭车，就不会产生集体利

---

① Roger Perman，Yue Ma，James McGilvray. Natural Resource and Environmental Economics. Longman Pub Group，1996.

益。因此，解决公有资源使用问题的方法是政府控制这些资源以免这些资源被破坏或将这些资源私有化。

上述三个模型是建立在对现实情况更简单的假设基础上。在现实中，人们能观察到的是政府和市场都不能完全成功地使个体持续地长期地使用自然资源。此外，某些团体管理一些资源的制度体系在很长时间内都很成功，而这些制度既不同于政府制度也和市场制度不同（Ostrom，1994）[1]。作为一个理性的机构，通过"干中学"，机构中的每个个体通过和他人磨合可以提出建设性的规则和制度来管理公有资源，而且还有能力改变现有规则和制度。

因为公有资源的性质和地下水的特征，地下水管理同时面临市场失效和政府失效。在世界范围内，当地自组织的资源社团可以以可持续的方式控制和管理很多自然资源，因此合作行为模型有可能成功管理地下水使用。

2. Ostrom's 模型

根据 Ostrom 的理论，制度选择包括宪法选择和集体选择两种方式。在分析制度选择问题时，我们需要从个体对未来的操作规则选择角度来看待这个问题，做制度选择的个体同时也会进行操作选择。当个体面临保持或改变现状问题时，情况已经发生了变化，但个体还是保持原状。因此，谈到操作和制度选择时，我们应该使用同分析个体类似的观念。如果理性人在作决策时，任何情况下内在的变量如预期效益、预期成本、内部规范和折扣率都会影响个体战略选择。因为任何理性人作决策时都会衡量预期效益和成本，而成本和效益又受到内部规范和折扣率的影响。根据理性人行为的概念，很容易得出个体将会选择预期效益大于成本的策略。

如图 1 - 3 所示，在制度选择情况中，对个体而言基本的选择变量包括：①支持继续维持现有规则；②支持改变现有的一个或更多规则。尽管

---

[1] Ostrom, Elinor, Roy Gardner, and James Walker. Rules, Games, and Common-Pool Resources. University of Michigan Press, 1994.

在同一时间内要考虑多项选择方案，但最终的决策总是在备选的规则和现有规则之间进行选择。对个体而言，可供选择的策略是支持制度选择而不是进行制度选择，因为不同于独裁统治，单个的个体是无法进行制度选择的。是否会改变规则取决于对改变的支持程度和制度选择情况下所使用的制度集合。

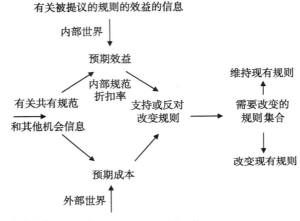

图 1 - 3　影响制度选择的变量

如何评估预期的效益和成本依赖个体所掌握的信息。这些信息是有关备选规则所带来的预期收益和成本同继续使用原有规则的预期收益和成本的比较。内部规范和折扣率也受到信息的影响，这些信息主要是有关共同遵守的规范以及在某个特定情况除外个体能够或不能得到的机会。有关效益、成本、共同规范和机会等综合变量都会影响个体支持或反对改变现有规则的决策。

在实证研究中，由于上述变量很难记录和获得，在实际分析中采用情境变量分析政策，这些情境变量会影响上述综合变量。衡量制度选择效益的情境变量主要包括资源使用者的数量、共有资源的多少、资源的时空变化、当前状况、市场条件、资源使用矛盾，正在使用和建议使用的规则等；衡量制度选择成本的情境变量主要包括：决策者的数量、利益的异质性、将被改变的规则、领导者的技能和知识、资源的多少和结构、排除技术、占有技术、市场管理和规则的合法性；影响内部规范和折扣率的情境变量主要包括：居住地在资源附近的资源使用者和资源使用者获得的其他地方资源的机会。

第二部分
中国的水资源
管理和政策

刘 静

中国是世界上的人口大国，但不属于资源大国，特别是对自然资源依赖度非常高的农业部门来说，资源极其贫乏。随着中国农业生产力的提高，特别是化肥、农药和高产作物种子的使用，农作物的单位面积产量正在逐年提高。然而在中国，维持农作物生长的灌溉水资源，无论相对量还是绝对量，都变得越来越不充足。新中国成立以来，历届中国政府为了确保粮食安全供应，提高农村居民收入，都积极提倡发展农业，提高农产品，特别是粮食作物的产量。农业生产者们为了增加收入，改善生活条件，正在努力争取提高农作物的单位面积产量。然而，由于全球变暖而引起的气候急剧变化，导致中国的主要粮食产区，特别是占耕地面积65%以上的北方地区降水量不断减少，干旱频繁发生。水资源短缺和人们增加农产品产量的主观愿望之间的矛盾不断加剧，这势将成为阻碍中国农业发展的最大的桎梏。

同世界上其他国家和地区一样，增加水资源供给策略在过去40年中始终在中国水资源管理中占据主导地位。自新中国成立后，政府投入很大精力用于开发水资源。开发水资源被认为是恢复经济和促进农业生产发展的重要政策工具。开发水资源的目的是为农业生产发展服务并且减少干旱洪涝灾害。在社会主义计划经济体制下，政府认为有责任促进水资源开发而且中央计划经济的优点之一就是可以动用大量资源兴修大的水利工程。从20世纪50年代到60年代，政府重新成立了水文学、水利观测网络，进行水利学教育和培训项目，从而对洪水的预测更加快速准确并且政府还组织对水资源进行调查和研究。根据水文学知识，政府每年拨出财政预算用于基础设施投资的7%用于修建大坝、水库、堤防和沟渠，兴修了大量的水利工程。

1988年水法的颁布代表了中国在水资源管理方面的巨大进步。根据过去对水资源管理的经验以及改善水资源管理的需要，水法中界定了水权、水的计划管理、水使用许可证制度、用水者和污染者付费原则、洪水控制和水污染管理程序。水法规定包括地表水和地下水在内的所有水资源产权都属于中国人民。任何个体或公共机构都只有使用权即使用水资源的权利。政府有责任制定编制和评估水资源开发计划。水利部负责全国水资源管理，各级水利局负责所在省市地区的水资源管理。必须满足人的基本生存需要，家庭用水必须首先满足，然后是工业和农业用水。水资源供给必须得到政府的许可，用水必须付费。

伴随着水法的颁布执行，国家又出台了一系列相应法律，如 1984 年水污染控制法（1996 年进行重新修订）、1989 年环境保护法、1991 年水土保持法、1997 年洪水控制法等。这些法律为中国水资源管理提供了相互衔接一致全面的基础。但是 1988 年的水法由于缺乏实际经验，没有能清晰界定流域委托管理的法律基础，综合水资源开发管理的程序和解决水资源争端的机制等问题。依据过去十几年中水资源管理出现的问题和取得的实践经验，全国人民代表大会于 2000 年对 1988 年的水法进行修改并于 2002 年 8 月 29 日颁布了修订后的新的水法。为了提高未来水资源管理，新的水法主要侧重于以下方面：强调水利局和流域委托管理机构在水资源开发计划、分配和管理中的法律地位和责任；同时阐明节水的重要性和优先权以及提高水资源使用效率；再次强调用水许可证制度和用水者付费原则；指定水事冲突的解决仲裁机制，该机制主要用于相关利益集团用水分配不当和水资源管理当局滥用水资源。

尽管水资源供给主导战略在中国水资源开发方面取得了巨大成就而且干旱洪涝灾害也在很大程度上得到控制，但自 20 世纪 80 年代早期开始这种战略开始显现出很大问题和对经济发展的限制。到 70 年代末，易于开发的和位置很好的地表水资源都已开发完毕，由于水价很低甚至是免费的，造成很多水利工程因没有资金无法得到很好的维护而使供水能力下降。通过大规模开采地下水维持灌溉农业已经造成地下水位下沉、抽水成本上升、海水入侵和地表塌陷等环境问题。

在过去 30 年中，由于快速经济增长和城市供水已经变得越来越稀缺，然而水资源浪费和分配不当问题仍然广泛存在。尽管目前中国水资源供给管理策略仍然占主导地位（如三峡、南水北调等大型水利工程），人们普遍认为过去并未考虑供给策略的社会、环境和经济成本。很明显单纯依赖增加水资源供给并不能解决水资源稀缺问题。

20 世纪 70 年代末开始的改革开放，极大地解放了农民的生产积极性，释放出巨大的能量。中国农业和畜牧业迅速发展，在改善农村居民的物质生活条件，丰富城乡居民餐桌的同时，由于过度地使用了资源而遭到大自然的严峻报复。中国北方的草地资源，由于过度的放牧，草食家畜的超载使得 70% 以上的草原出现沙漠化，大批草地荒废，沙尘暴的频繁发生严重地影响了人们的生存环境。目前我们需要投入高于畜牧业超载收入 10 倍以上的资金来治理由于过度使用自然资源所导致的严峻后果，自然对人类的报复是无情的。同样，农作物的超载，地下水资源的过度使用，已经开始呈现出一次又一次自然报复人类的警示，如地下水持续下降、地面下沉、塌陷、地裂缝产生、沿海地区海水入侵和许多大泉干枯，荒漠化现象加剧等。

一 中国的水资源

中国多年年平均河川径流量为 $2.71 \times 10^{12} \, \text{m}^3$，仅次于巴西、俄罗斯、加拿大、美国和印度尼西亚，居世界第六位。多年平均地下水资源量为 $8\,288 \times 10^8 \, \text{m}^3$，扣除重复计算水量，中国多年年平均水资源总量达 $2.81 \times 10^8 \, \text{m}^3$，属于资源型大国。但是，因中国人口众多，加之需要相应的耕地灌溉来保证农业基础地位和经济运转，人均占有水量仅为 $2\,240 \, \text{m}^3$，还不足世界人均的 1/3。中国人均占有水量在世界 153 个国家和地区中居第 121 位，每公顷耕地所占水量仅为 $29\,475 \, \text{m}^3$，低于世界平均水平（表 2 – 1）。

随着人口的增长，人均水资源占有量逐渐呈下降的趋势。21 世纪中叶，中国人口将达到 16 亿的峰值，人均水资源占有量仅约为 $1\,690 \, \text{m}^3$，水资源不足问题势必更加突出。如果按照国际标准，人均拥有水量 $2\,000 \, \text{m}^3$ 为严重缺水边缘，人均拥有水量 $1\,000 \, \text{m}^3$ 为起码需求，中国经济接近严重缺水边缘。如果按省（市、自治区）对比，问题则变得更加严重，中国有15 个省（市、自治区）已经接近严重缺水的边缘，其中有 10 个省（市、自治区）处于基本需求以下。

表 2 - 1　全球水资源总量和前六位的国家

国　家	国土面积（$10^4/km^2$）	耕地面积（$10^4/km^2$）	人口（$10^3/$人）	水资源总量（$10^9/km^3$）	每公顷水资源量（m^3/hm^2）	人均水资源量（$m^3/$人）
巴西	851.2	5 350	161 790	6 950	1 299 065	42 957
俄罗斯	1 707.5	13 097	147 000	4 270	32 602.8	29 047.6
美国	936.4	18 574.2	263 250	3 056	16 452.9	11 608.7
印度尼西亚	190.5	1 713	195 756	2 986	174 315	15 253.6
加拿大	997.1	4 542	29 463	2 901	63 870	98 462
中国	959.1	12 200	1 265 830	2 711.5	29 480.1	2 238.6
世界平均	13 383.5	136 171.1	5 713 426	41 022.0	30 125.3	7 166.0

资料来源：霍明远，张增顺，《中国的自然资源》。

由于降水量受到大气环流、陆海位置以及地形、地势等因素的影响，中国水资源在地区的分布上很不均衡，形成了南多、北少、东南多、西北少的格局，相差非常悬殊。除了降水和水资源本身地区分布很不均匀外，与人口耕地的分布也不相匹配。在中国有相当大的国土面积中，水资源短缺问题非常严重。中国有 80% 的水资源集中分布在长江及其以南地区，而该地区的人口占全国的 53%，耕地面积仅占 35%。长江以北地区人口占 47%，耕地面积占 65%，而水资源仅占全国水资源总量的 20%。其中黄河、淮河、海滦河和辽河 4 个流域人口占全国的 45%，耕地占全国的 43%，而水资源总量仅占全国的 9.8%（表 2 - 2）。

表 2 - 2　中国分区年降水、年河川径流、地下水和年水资源总量统计

分　区	计算面积（km^2）	年降水量 总量（亿 m^3）	年降水量 深（mm）	年河川径流量 总量（亿 m^3）	年河川径流量 深（mm）	年地下水（亿 m^3）	年水资源总量（亿 m^3）
黑龙江流域（中国境内）	903 418	4 476	496	1 166	431	431	1 352
辽河流域片	345 027	1 901	551	487	194	194	577

（续表）

分区	计算面积（km²）	年降水量		年河川径流量		年地下水（亿 m³）	年水资源总量（亿 m³）
		总量（亿 m³）	深（mm）	总量（亿 m³）	深（mm）		
海滦河流域片	318 161	1 781	560	288	265	265	421
黄河流域片	794 712	3 691	164	661	406	406	744
淮河流域片	329 211	2 803	860	741	393	393	961
长江流域片	1 808 500	19 360	1 071	9 513	2 464	2 464	9 613
珠江流域片	58 041	8 967	1 554	4 685	1 115	1 115	4 702
浙闽台诸河片	2 398 038	4 216	1 758	2 557	613	613	2 592
西南诸河片	851 406	9 346	1 098	5 853	1 554	1 544	5 853
内陆诸河片	3 321 713	5 113	154	1 064	820	820	1 200
额尔齐斯河片	52 730	208	395	100	190	43	103
全　国	9 545 322	61 889	648	27 115	284	8 288	28 124

资料来源：薛亮，《中国节水农业理论与实践》，中国农业出版社，2002 年

旱灾频繁

　　1950—1980 年全国农作物因旱年均受灾和成灾[①]面积分别为 1 879 万 hm² 和 673 万 hm²，年均粮食损失 1 610 万吨；1981—2009 年上述指标分别增加至 2 481 万 hm²、1 272 万 hm² 和 2 530 万吨，其中 1981—2009 年农作物成灾面积几乎是 1950—1980 年的 2 倍；1990—2009 年因旱饮水困难人

[①] 作物受旱面积是指由于降水少、河川径流及其他水源短缺，发生干旱，作物正常生长受到影响的面积。同一块耕地多季作物受旱，只计一次；作物成灾面积是指在受旱面积中造成作物产量比正常年产量减产 1 成以上的面积。同一块耕地多季受灾，只计一次；作物成灾面积：因旱造成作物产量比正常年减产 3 成以上（含 3 成）的面积。

口①年均 2 746 万人，同一时期年均农作物绝收面积②为 274 万 hm² （表 2 - 3）③。

表 2 - 3　1950—2009 年全国干旱灾情统计

年　份	受灾面积 （khm²）	成灾面积 （khm²）	绝收面积 （khm²）	粮食损失 （10⁸kg）	饮水困 难人口 （万人）	饮水困 难牲畜 （万头）
1950—1980	18 790.97	6 731.26		75.16		
1981—2009	24 805.28	12 716.38	2 739.55	252.88	2 745.76	2 139.14
1990—2009	24 992.11	13 182.10	2 755.36	277.85	2 745.76	2 139.14
1950—2009	21 697.89	9 624.07	2 739.55	161.06	2 745.76	2 139.14

数据来源：由《中国水旱灾害公报 2009》数据计算得出

 ## 三　地下水超采和水位迅速下降

　　自 20 世纪 70 年代起，缺水问题和人口、环境、能源等问题一样，逐渐成为中国面临的主要危机。在 20 世纪 60 年代以前，地下水的开采主要集中在天津、北京和上海等少数大城市，开采量也相当小。据统计至 20 世纪 60 年代末，全国地下水的开采量不足 30×10^8 吨。可是，从 70 年代开始，随着工业化、城市化和人口迅速增长，水的需求量增长迅猛。人们发现地下水资源具有水质好、水温低且稳定和可以就地开采等优点，掀起了打井的高潮。许多大中型城市也开始把地下水作为主要的供水资源，并错误地认为地下水是取之不尽、用之不竭的。

　　中国年均地下水资源量为 $8\,288 \times 10^8 \mathrm{m}^3$，其中可开采量为 $2\,900 \times 10^8 \mathrm{m}^3$。20 世纪 80 年代中期，中国地下水开采量达到了 $619 \times 10^8 \mathrm{m}^3$，主

---

① 因旱饮水困难是指因干旱造成临时性的人、畜饮用水困难。属于常年饮水困难的不列入此范围。

② 作物绝收面积：因旱造成作物产量比正常年减产 8 成以上（含 8 成）的面积。

③ 表 2 - 3 数据是根据《中国水旱灾害公报 2009》中国干旱灾情 1950—2009 年数据计算整理得出。

要集中在海河、淮河和山东半岛，该区域的开采量为 $331 \times 10^8 m^3$，占全国的 53.5%。到了 90 年代初，中国地下水的开采量约 $767 \times 10^8 m^3$，占中国水资源量的 26.4%。中国北方地区地下水的开采量达 $600 \times 10^8 m^3$，占全国开采量的 78% 以上。

据统计，2000 年中国拥有各类水井 345 万余眼，年开采量达到 $900 \times 10^8 m^3$，仅次于美国、印度，居世界第三位。如今在中国的供水量中，地下水占 17%，其中 $1.27 \times 10^7 hm^2$ 用于农田灌溉，有 20% ~ 35% 的工业和城镇生活用水是依靠采用地下水。然而，中国许多地区地下水资源并不丰富，造成一些地区地下水的开采量超过了其补给量，实际上是消耗静储量来满足开采的。地下水超采主要集中在北方的一些灌区和城市周围，尤其以黄淮海地区突出，其中最为严重的是华北地区，该地区地下水的实际开采量已超过可开采资源的 90%。中国地下水灌区面积最大的河北省，1980—1990 年平均开采地下水 $140 \times 10^8 m^3$，占总用水量的 72.5%，12 年累计超采 $98 \times 10^8 m^3$。特别是，浅层地下水近 12 年的年均开采量为 $101 \times 10^8 m^3$，累计超采 $121 \times 10^8 m^3$。

如果地下水长期超采，储存量大量消耗，又不能够在同一时期内得到恢复，势必造成地下水位持续下降，形成降落漏斗。据统计，中国已经出现 56 个区域性降落漏斗，总面积大于 $8.3 \times 10^4 km^2$。其中河北平原极其严重，因地下水超采已经形成了 30 多个降落漏斗，总面积达到 $3 \times 10^4 km^2$。淮河流域也因为超采地下水，到 1989 年，流域内形成 22 处较大的降落漏斗区，总面积达到 $15 \, 180 km^2$，占平原总面积的 9%。

总体而言，中国的人均水资源消费量不足世界平均水平的 1/3，每公顷的灌溉水资源量也低于世界平均水平。中国水资源在地区分布上很不均衡，形成了南多、北少、东南多、西北少的格局。

四 **水资源管理制度**

中国水资源管理供给策略是由中央政府体系来执行。自 1949 年新中国成立以来，新的政权体制的主要特征是政党权力和政府权威合二为一，它从根本上改变了社会规则、规章和价值观，粉碎了传统的基于血缘关系的氏族和家庭的社会结构。在计划经济体制下，行政体制加社会主义理想统治了所有的社会经济行为。水资源管理也不例外，直到目前自上而下的行政管理体制或强制性的命令仍然统治着水资源管理。

同其他部门一样，水资源管理体制的特征也是双重规则，水资源管理机构要服从双重命令，分别是：来自于上级水资源管理当局的垂直命令和来自同一层次政府的水平命令。由于水资源管理当局的领导是由当地政府机构雇佣和任命，同上层水资源管理机构命令相比，当地政府的任务和命令通常会更受到水资源管理当局的重视。由于不同的部门和地区有不同的利益和刺激，中国的政权体系非常庞大而且条块分割严重，迫切需要各方面达成一致以利于政策有效执行。在资源配置和政策制定执行过程中，讨价还价已经成为一种重要的机制（Lieberthal and Oksenberg，1988；Delman，1991）[1]。

从有效的水资源管理角度看，中国水资源管理体系的效率正面临以下问题：

（1）尽管 2002 年的水法中就中央政府、地方政府和同一级政府内部不同部门之间在水资源管理方面的权力分配有一般指导原则，但实践中不同政府部门的具体职责界定不清，没有统一执行的水资源政策，造成水资源管理混乱。

---

[1]　Kenneth Lieberthal, Michel Oksenberg. Policy Making in China. Princeton University Press（Princeton, N. J. ），1988.

Delman, David. The last gambit. St. Martin's Press（New York），1991.

（2）流域管理是按照行政区划来划分的，所以流域管理机构无权执行一体化综合的水资源政策。因为水资源管理机构非常庞大、条块分割严重、权力相互交叉，造成流域管理中上下级和不同部门之间的用水冲突经常发生，特别是在水短缺时期。

（3）农村、城市的水资源管理系统相互分割。各级水利局主要是负责兴修水库和堤防提供灌溉用水，城建局负责城市用水供应。近年来由于经济快速增长和城市化，城市和农村用水冲突和竞争越来越激烈，城市、农村之间水资源管理体制的分割阻碍了一体化的用水政策执行。一些城市的水利局为了维护权力和利益甚至会采取低价政策鼓励城市用水，迫使农民放弃用水。

（4）在实践中，因为水资源开发、供应、收取水费和控制水污染分别由水利局、农业局、城建局和环保局负责，水资源使用的监测、管理和污水排放没有统一规则，水资源保护政策执行非常困难。

为了解决上述问题，自 2000 年开始用水制度改革。这次改革的目的是通过联合和重组相关的水资源管理机构成立统一的水事务管理局。新的水务局的任务是提供一体化、综合和持续性的水资源管理。水务局的成立使水资源管理的条块分割问题在很大程度上得到解决，在某些地区统一的水资源政策比较容易执行，这样可以提高水资源使用效率，增加水利基础设施投资，改善水资源供应，降低废水排放和水污染。

五　农村改革及其对水资源管理的影响

在农业水资源使用中，除了政府机构最重要的利益集团就是农民。目前农业仍是中国最大的用水大户，但水资源使用效率很低。农业节水技术不仅可以缓解农业水资源短缺而且可以释放更多的水用于非农业部门。因此，农民是中国执行可持续水资源政策的关键参与者。但是，作为发展中国家，中国的农民还很贫困而且易受到风险影响。尽管农村改革使农户成为基本农业生产单位，农户有积极性提高农业产出和来自农业生产的收入，在当前制度背景下农民在采纳持续性水资源管理实践时会面临挑战。在改革前，农村公共物品的供应如修路、兴修水利都是集体的责任，改革后农村公共物品供应的决策者由村领导改为农民自己。这种变化使农村公共物品供应更加困难，未来中国农村发展中农民之间的合作行为将显得更加重要。从良好的水资源管理角度看，农村领导层作为政府和农民之间的中介，将在组织农民进行合作提供公共物品方面发挥重要作用。下面我们将简短回顾中国农村改革。

（一） 改革前农村制度和政策：1949—1978 年

1949 年之前，中国是贫困的农业人口大国。自从中国共产党在 1949 年执政后，依据共产主义理想，政府建立了新的社会即社会主义的新中国。在改革前即 1949 年到 1978 年，中国的经济系统完全照搬苏联中央计划经济和重工业优先发展战略，因为共产党国家希望在短时间内赶超主要资本主义国家。在这种战略下，经济体制结构是动用一切资源用于重工业发展。控制外汇、强制性的资源配置等经济政策都是有利于重工业优先发展战略的产物。

在 20 世纪 50 年代早期即冷战时期，西方发达国家采取的政策是从经济和政治上封锁和限制中国发展。内在发展战略是当时中国政府唯一可能的政策选择。为了促进重工业发展，农业就成为工业发展所需资源的供应者。为了有助于资源从农业部门流向工业部门，政府出台了一系列农业制度，概括而言主要有三个主要特征：内在发展战略，统一的购买和出售系统以及农业生产集体化。一系列歧视农业的政策相继执行。

为了直接在部门和地区之间转移资源确保农业对工业的供应，建立了统一的购买和出售体系。该系统有完整的政策体系从农业生产计划直到各种规章制度，其主要的部分是较低的政府对农产品的收购价格。通过以较低的市场价格向城市消费者供应农产品，政府确保了工业部门能够维持较低的生产成本。工业部门创造的额外利润或者用于再投资或者归政府或者由国有企业自己支配。

为了保证所需的农产品能以较低价格供应，政府给农业部门下达生产和收获配额即农业计划。一方面在共产主义理性基础上，土地私有产权被认为阻碍社会主义发展；另一方面，小规模家庭农户生产是无效率的因而阻碍了现代农业生产技术引进和农业生产率的提高。因此，为了实现农业现代化政府进行了农业生产集体化运动和成立人民公社。农民失去了土地所有权成为了人民公社的社员，没有权利迁往城市只能在农田里从事农业生产。一个生产队通常由30个农户家庭组成，由共产党员的生产队长管理整个生产队。政府计划是强制性的，生产队和村领导无权更改政府计划。农民的生活同政府的计划和控制是一体的，农民没有任何发言权。

在人民公社体制下，村领导是全村农民的决策者。村领导有权组织农民一起从事农业生产活动。因为村领导都是共产党员，农村领导权实际上是政府和政党权力的延伸。农村的这种制度安排不仅降低了执行政府政策的交易成本而且降低了提供农村公共物品的交易成本。在20世纪60～70年代，农村领导动员上百万的农民免费投入劳力修建国家水利工程，对于小规模的基础设施工程如为本村进行灌溉系统维护、修路和修建小学等活动几乎无法工作。正如绿色革命技术在农村得到广泛推广，中国也从这种特殊的制度安排中得利。

在人民公社体制下，偷懒是严重的农业生产问题，因为农民不是独立的决策者而且生产队领导监督和刺激农民工作很困难且成本高昂。农民认为农业生产不是为自己，缺乏动力。在这种情况下农业生产没有效率而且农业产出很低。经过30年的发展，"文化大革命"末期毛主席去世后，在中国社会主义新农村中大部分农民缺乏食物，社会冲突日益加剧。

（二）家庭联产承包责任制改革：1978年至今

在1978年末，在贫困和社会冲突双重压力下中国政府决定开始农村改革。改革开始主要是提高农产品收购价格和推行家庭联产承包责任制。在不改变土地产权情况下，通过将土地划分给农户家庭，农户家庭从事农业生产就取代了集体农业生产，农民重新获得土地使用和生产的权利。因为家庭联产承包责任制直接将农民生产同收获挂钩，农民有动力管理自己的土地和产出，他们的收入和生活水平直接依赖于自己的努力和农业生产的好坏。农村改革释放出巨大能量，极大提高了农业产出和农业生产率。年均粮食生产增长率由 1952—1978 年的 2.4% 提高到 1978—1984 年的5.0%，同期农业总产量的增长率由 1.9% 提高至 7.4%。1978—1984 年农业生产提高的绝大部分可以归功于家庭联产承包责任制改革（Lin，1988）[①]。

与统一的收购和销售市场体系相联系的另一个重要改革是在农业生产中引入市场机制。首先政府政策关注于缩小政府收购价和市场价格的差额。1979 年政府农产品收购价格平均提高了 20 个百分点。那些年政府收购价的提高是产出增加的关键因素。伴随政府收购价的提高，在农民完成了上缴配额后，政府逐渐让农村和城市趋于平等。在决定农业生产结构时，市场发挥着越来越重要的作用。1985 年，除了粮食、棉花和食用油外，废除了其他农产品的统一收购配额制度。这是中国农村改革过程中建立市场体系重要的一步。对粮食统一的收购和配额制度的改革非常困难。政府很多次废除了粮食强制收购和较低的价格，但没过多久又恢复原有政策的根源在于全社会的关注和粮食供应的下降。在 1991 年和 1992 年，在粮食经济中引入市场机制，将收购价同市场价统一，这是非常有意义的一步。但是，改革也不是一蹴而就的。1993 年到 1995 年，因为较高的通货膨胀，为了满足粮食供应和维持粮食市场稳定价格，又重新采纳了旧的粮食政策以应对当时粮食市场的波动。

（三）不完全的农村改革及其对水资源管理的影响

中国 30 多年的农村改革取得了巨大成功。仅用了 10 年的时间，中国

---

① Lin, Justin Yifu. "The Household Responsibility System in China's Agricultural Reform: A Theoretical and Empirical Study," Economic Development and Cultural Change, University of Chicago Press, 1988: vol. 36 (3), pages S199 – 224, Supplemen.

就解决了食物短缺问题，获得了粮食生产自给和基本的食品安全。农民收入和生活水平都有所提高，大部分农民摆脱了贫困。但是，同时在很多方面农村改革还是不完善的。这种不完善是阻碍农业生产和整个经济进一步发展的重要因素。

尽管家庭联产承包责任制刺激了农业部门生产率的提高，极大促进了农村发展，但农村的土地制度安排是非常无效率的。因为这种特殊的土地制度，由于人口增长中国农民是世界上规模最小的农民，平均每个家庭的耕地面积只有 0.5hm^2，而且还被划分为 5 个甚至更多的小地块。由于对集体土地的平均分配，农业生产无法达到规模经济。受小规模土地经营和农产品低价限制，农民没有足够的动力进行长期投资，导致大范围农业基础设施损坏。在 20 世纪 80 年代后期，农产品产量停滞不前甚至下降。90 年代中期，粮食产量剩余和低价，造成 90 年代大部分时间农民收入停滞不前。

此外，因为土地仍然属于集体所有，农民只有土地使用权，造成农民之间土地转让非常困难。即使那些长期在城市打工的农民也不愿将承包土地还给集体，他们将土地视为就业和食物安全的保障。在当前制度下农民没有社会保障体系，所以几乎不可能将土地集中在少数种田能手手里。因为每个农户的土地面积很小而且来自农业部门的收入较低，大部分中国农民都是兼职农民，他们大都从事非农活动提高家庭收入。大部分情况下，男性去城市打工，农活由妇女和老人来干，目前大于一半以上家庭收入来源于非农活动。

小规模的农户经营和目前的农村制度给农村水资源管理带来以下挑战：①由于土地规模较小、收入较低，农民缺乏对水利工程投资的动力。②由于农民收入低，城乡居民收入差距不断加大，执行水资源需求管理政策更加困难，政府为确保农业灌溉用水就不能将水价政策作为优先考虑的措施。③政府已将节水技术推广作为全国农业用水管理的主要政策。④农村地区节水技术的采纳需要集体行动或农民之间的合作。⑤村领导在组织农民进行灌溉水管理和其他农村事务中发挥重要的作用。

六　农村地下水的管理

　　根据水法和水管理条例的规定，从中央政府到各省市区的水利局负责地下水持续管理，实际上水利局并不管理农村和城市的地下水。自1993年起，城市为控制地下水开采和污染颁发了用水许可证制度。农村因为受到人力和财力的限制无法对大量分散的浅水井进行管理，所以大部分地区都没有实行地下水管理。近年来私人打井公司开始从事打井业务，因此无法对井的数量和抽水的数量进行登记和监测（World Bank，2001）。如果一个农民或几个农民联合付费请打井公司为他或他们打井，井打好后他或他们就可以抽取任意数量的地下水。尽管水法规定任何抽取地下水的个体都应付费，但在农村并未对地下水收费。农村当前地下水管理情况不能给农民节水或降低抽取地下水量提供激励。

　　在农村，农民自己负责打井和灌溉沟渠等基础设施的维护等活动。在农村改革前，集体或村子负责打井和修建沟渠等灌溉基础设施，这些都是农村的公共产权或集体财产。改革后，大部分农村集体不再负责打新的井和修建灌溉基础设施，一般由几个农民打新的井，这些井的产权也属于这些农民，他们共同分摊打井的运营成本，抽地下水时只付电费。在华北平原有超过60%的井是非集体拥有的。

　　地下水产权制度的变化使得地下水的管理比集体经济时期农村领导有权决定打井和抽水要更加复杂。同时也将过去指令性地下水管理转变为家庭联产承包责任制下农民相互合作。农民可以就地下水开采、沟渠修建和抽取地下水等问题同其他农民商量、讨价还价来作出决策。

　　在当前农村体制下，农村领导在组织农民参与集体行动加强农民之间的合作方面将发挥非常重要的作用。依据1988年的村委会法，中国所有农村都必须成立村委会管理乡村事务。村委会主要负责管理村里一切事务，具体包括：制定村委名单，组织农民修建农村公共设施如道路、学校、公共服务设施等，调解村民争端、维护农村安全、预防火灾、减少犯罪等，充当政府和农民之间的中间人，执行政府政策、执行计划生育和保障妇女权益等。

村委会成员通常由 3～7 人组成，每 3 年选举 1 次。村长代表村民利益接受村民监督。由村民直接选举村领导是社会主义民主在中国农村的创造性应用，事实上所有村委会领导一般都是共产党员。

村领导在政府和农民之间发挥很重要的作用，一方面村领导作为村民利益的代表执行政府政策；另一方面村领导的工资是由村民而不是政府支付的，所以当村民的利益同政府或其他社会团体不同时，村领导有时会陷入进退两难的境地。因此从持续的地下水管理角度看，村领导是村民生活中重要的社会资本，而且在减少地下水过量抽取等方面发挥重要作用。

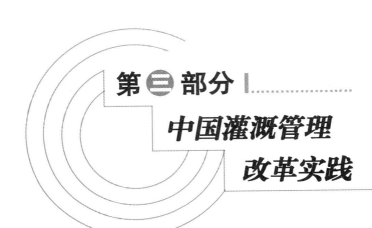

第 三 部分

中国灌溉管理
改革实践

刘 静

一 引 言

20 世纪 50 ~ 70 年代，是全世界范围内的水利灌溉工程建设的新纪元。各国政府为了管理短期内迅速修建起来的、大量的规模水利灌溉工程，庞大的、拥有巨大权力的官僚管理体制被建立起来。可是到了 70 年代，水利工程建设得越多，新的水利工程管理成本就变得越大，导致大部分国家都无法继续维持不断增长的灌溉区域的管理和维修费用。

20 世纪 70 年代，特别 80 年代以来，世界大部分国家和地区进入全新的灌溉管理改革时期。这时期，世界各国水利部门把他们的工作重点集中到在灌溉部门引进新的工程技术、管理技术、培训、收取灌溉的服务费方面上来。从 20 世纪 80 年代到 20 世纪末，在水利灌溉部门中又出现了一个新的发展趋势——改革的新纪元。一些国家的政府机构开始考虑把部分或者全部的水利灌溉管理责任转移给用水者协会（WUAs）负责，允许农民直接参与灌溉管理。

越来越多的国家政府发现了新政策的优点，使得它们相继得到采纳。更多国家的政府部门开始把水利灌溉管理的责任下放给用水者协会（Johnson et al. 1995）[1]。同全球的灌溉管理战略改变相一致的是，水利灌溉管理职能的这类转移，得到了世界银行的大力支持。世界银行开始通过项目的形式鼓励一些尚未采用用水者协会的国家和地区，通过民主管理模式来取代传统的、官僚的和非效率水利灌溉设施的管理模式。

在亚洲、非洲、美洲和大洋洲，许多国家开始从事和实行灌溉管理权转移的工作。美国、法国、哥伦比亚和中国台湾早在 20 世纪 50 ~ 60 年代和 70 年代已经相继把政府的灌溉管理权限转移给农民组织。也有一些发

---

[1] Johnson, S. H., Vermillion, D. L., Sagardoy, J. A. (eds.). Irrigation management transfer: Selected papers from the International Conference on Irrigation Management Transfer, Wuhan, China, 20 – 24 September 1994. Rome, Italy: FAO. viii, 499p. (FAO water reports 5).

展中国家，一直推迟到 80 年代和 90 年代才把灌溉管理权限下放给用水者的工作当作政府的一项主要的战略来实行。这时期采用新的管理模式的国家和地区有智利、秘鲁、苏丹、索马里、墨西哥、巴西、多米尼加、哥伦比亚、尼日尔、津巴布韦、坦桑尼亚、马达加斯加、土耳其、印度、斯里兰卡、孟加拉国、老挝、越南、印度尼西亚和菲律宾。

水资源的管理权由政府下放给用水者的有利点是：一方面可以增加用水户参与管理决策和决定投资的机会；另一方面将有可能改善对水资源的有效利用率，从而提高农业生产能力和水资源持续利用率（世界银行，1993 年）。然而水资源管理权限下放的项目，势必涉及如何组织用水者协会、对管理人员的培训、如何对灌溉系统进行维修，以及政府与用水者协会之间如何签订正式的合同等多项工作。在讨论中国的参与式灌溉管理改革之前，我们先简单回顾一些发展中国家的经验。

 各国的成功经验

（一） 墨西哥

从 20 世纪 30 年代开始，作为政府政策的重要组成部分，墨西哥通过建立一些大型灌区来满足粮食自给。这些总面积达到 25 000 ~ 300 000hm^2 的灌区一直到 1990 年为止由政府灌溉机构管理和运行。在 50 年代，这些灌区 85% 的运行和管理费用是向用水户征收的。可是到了 80 年代，政府征收的管理费用降低到了支出费用的 20%，入不敷出。1989 年政府建立一个国家级的水利管理系统，成立了国家水管理委员会（CAN）。CAN 的任务是在本部门范围内，把灌区的管理权限转移给由用水者组织起来的协会，通过协会的运作，改善灌溉系统的运行效率。转让计划的第一阶段是将国有灌区的管理权转让给用水者协会，每个用水者协会在确定的灌区范围内享有水权，负责灌溉系统的运行和维护。转让计划的第二阶段是建立与灌区内各个用水者协会相联系的有限责任团体（SLRs），负责主要基础设施的运行。在 10 年内墨西哥 320 万 hm² 土地上的灌溉系统已经转让给了 10 个有限责任团体（SLRs）和 420 多个用水者协会的 470 000 个用水户。由于用水者协会实现了经济上的自立，所以联邦政府所拨付的政府补助金减少了。

（二）巴基斯坦

印度河流域灌溉系统是世界上最大的灌溉系统，控制着 1 400 万 hm² 的灌溉面积。由于该系统存在严重的管理问题，导致系统内的农业长期裹足不前。在过去的 10 年间，政府部门曾经试图阻止系统退化，改善系统的运行，但由于这些方法只是针对其表征，而没有涉及问题的根本原因，即政府部门本身造成的效率低下，反应迟钝的管理模式和运行方式，所以所作的努力都遭受失败。1997 年巴基斯坦政府意识到需要采取一种新的方法来解决灌溉问题。他们采取了一个新的计划，即建立一个自我维持的灌溉体制。其内容包括：

（1）对水电开发管理局（WAPDA）重新定位，并将其重点放在省与省之间的功能协调上；

（2）建立区域水委员会（AWBs）；

（3）建立用水者协会（WUAs），并将用水者协会连接成为农民组织（FOs）；

（4）在每条水系内，鼓励用水者协会承担系统运行和管理责任。

这次改革的主要目标是：（1）可持续地提高工作人员的服务水平；（2）通过降低费用，增加灌溉水费在财务上的可持续性。

通过用水者协会，农民开始负责和管理协会成员之间的配水，征收水费，管理账目，进行维护并制定系统完善计划。在新的制度下，用水者协会在改善灌溉渠道的运行和管理方面发挥了无可替代的作用。

三 用水户参与式管理与中国式的经济自立灌排区

　　国际上通用的用水户参与式灌溉管理（Participation in Irrigation Management）是指，"用水农户被赋予权利，有权直接参与灌溉管理并为其结果负责"（Reidinger，2000）[①]。参与式管理的主要内容是，按灌溉渠系的水文边界划分区域，统一渠道控制区内的用水户共同参与组成有法人地位的社团组织——用水者协会。通过政府授权将工程设施的维护与管理职能部分或者全部交给用水者协会，协会通过民主的方式进行管理。工程的运行费由用水户自己负担，用水户成为工程的主人，尽可能减少政府的行政干预。政府所属的灌溉专管机构对用水者协会给与技术、设备等方面的指导和帮助。

　　用水者协会为了能够切实地负担起由政府下放给他们的水利灌溉系统的管理，他们必须拥有比较充分的管理权益。事实上唯有用水者能够真正认识的他们所获得权益和责任之后，他们才有可能认真负责地对水资源进行管理。按照用水户参与式灌溉管理模式的理念，用水者协会必须被赋予他们可以采用民主的方式管理资源所需要的一些最基本的权益，这些权益包括：

　　（1）水的使用权。协会和协会成员有权分享和使用来自于他们所管辖资源中抽取的水资源的使用权利。

　　（2）有权决定自家生产的农作物和生产农作物的方式。各协会的成员有权选择自己乡种植的农作物，以及种植这些农作物的方式和方法。

　　（3）有权利保护自己的土地不被转为其他的用处。用水者协会有权维护协会范围内的灌溉地被转移为其他非农业用途，或者改变为非灌溉用地。因为灌溉耕地是协会财政收入的主要来源，承担投资建设费用，保证

---

① Reidinger, Richard and Voegele, Juergen. Critical Institutional Challenges for Water Resources Management, World Bank Resident Mission in China, 2000.

其他成员的持续发展。

（4）拥有基础建设设施的权利。用水者协会拥有施工、维修、改造和填塞渠道的权利。如果没有这样的权限，用水者协会就不可能也不愿意进行长期投资，维护和修理属于政府财产的基础建设设施。

（5）拥有收取和管理财政和其他资源的权利。协会有权征收服务费，征收其他的费用，支配预算，征取劳务，免除雇员和对雇员进行培训的权利。

（6）组织自决权。协会有决定自己的使命、行动的范围、按照法律和协会的规定选举和免除协会管理人员的权利。

（7）组织内成员的资格权利。所有符合用水者协会成员资格的会员，按照协会的规章，有权成为协会的会员，接受协会的基本权利和待遇、提供的服务和利益。他们可以享受这样的权力，只要他们遵守协会的规章制度和担负责任。然而，这些权益是非协会成员所不能够享受的。

（8）选举和监督服务的提供者的权利。如果协会成员不能够直接或者不愿意获得协会管理人员的服务，他们有权通过投票的形式决定罢免管理人员。他们也有权对管理人员的工作进行监督。

（9）接受支持的权利。在政府政策赞同的前提下，协会有权接受它所需要的支持。这些支持包括贷款、银行服务、农业示范项目、技术咨询服务、补贴、市场补贴、培训和其他法律规定的服务。

四　中国的经济自立排灌区

到目前为止，中国已经在 8 个省采用了用水户参与式的灌溉管理模式。中国采纳用水户参与灌溉管理模式，是同社会主义市场经济的深入和持续发展有直接联系的。20 世纪 80 年代的改革开放，使得中国走上了社会主义市场经济的道路。制度的改革促进了生产力的发展。然而同其他部门相比较，中国的水利灌溉部门改革的进度比较缓慢，从而出现了较多的矛盾。具体可以归纳为以下的若干点：

（1）20世纪80年代中国率先成功进行了农村经济体制的改革，采用了家庭联产承包责任制，通过土地所有权同使用权相分离的制度创新，构建了农业微观经营的主体。家庭联产承包责任制赋予农民一定的生产自主权，确立了农民家庭经营的主体地位，从而充分地调动了农民生产的积极性，极大地解放了农业生产力（韩俊，1998）[①]。可是，以家庭为经营单位的农业生产模式也存在不足之处，小规模农户生产，导致农户把更多的时间和资金投入到自家的耕地上，对于公共财产和设施的重视程度降低了，集体在组织和调动劳力进行公共设施建设和维护的能力削弱了。导致许多公共水利灌溉渠道疏水能力降低，大量的渠道淤塞，甚至废弃。从而严重地影响了农业生产力（胡定寰，2003）。[②]

（2）1980—1990年间中国的大中型灌区被一系列问题和困难所困扰，特别是资金不足问题（表3-1）。

表3-1　1955—1994年国家对农业水利投资额和基本建设支出

年份	国内基本建设投入（亿元）	水利基本建设投入（亿元）	水利基本建设的比重（%）
1955	88.53	6.48	7.32
1960	354.45	30.71	8.66
1965	158.49	13.14	8.29
1970	298.36	32.56	10.91
1975	326.96	45.26	13.84
1980	346.36	32.09	9.26
1985	554.56	20.16	3.64
1988	494.76	22.99	4.65

①　韩俊．农村市场经济体制建设．江苏人民出版社，1998.
②　胡定寰，张陆彪，刘静．农民用水者协会的绩效与问题分析．农业经济问题（月刊）．2003（2）.

（续表）

年份	国内基本建设投入 （亿元）	水利基本建设投入 （亿元）	水利基本建设的比重 （％）
1990	547.39	30.06	5.49
1992	555.9	55.27	9.94
1994	639.72	62.85	9.82

资料来源：中国统计出版社《新中国五十年统计资料汇编》，水利投资额资料来自于水利部。

（3）由于资金不足导致许多水利灌溉工程设施先天不足，设计标准低，施工质量差，工程不配套。根据最近有关部门对全国现有的大型灌区进行的调查结果表明，全国有220个大型灌区老化失修，效益不能够充分发挥，全国现有111座大型水库不同程度地存在险情。仅以渠道老化为例，在被调查的373座渠首建筑物中，严重老化损坏的占70%，失效的占16%，报废的占10%，完好的仅占4%。造成老化的原因是多种多样的，如自然老化、工程质量存在缺陷、规划设计不合理、资金短缺、管理不善等。其中由于管理不善和人为破坏造成老化损坏的占10.9%。如果不对这些老化的工程和设备进行改造和修缮，供水的持续性将受到严重的威胁（杨林等，2000）。①

（4）水费收费标准过低，也导致灌溉渠道的维修经费不足，没有自我更新改造能力。水价长期不到位，目前实际收取的水费仅占成本的1/3～1/2，一般只能勉强维持灌区管理单位职工工资和日常的办公费用，用于工程维修的资金严重不足，影响灌溉工程的有效长期运行。

（5）农民上缴的水费在一些地方被基层政府截留挪用，成为地方领导可随意支配的财源。灌区管理部门由于没有收到水费而停止向农民供应灌溉用水，而农民缴了水费却得不到水，特别是在干旱季节严重影响农作物的产量（赵玉红，1999）。②

（6）缺乏田间渠道的维护和新修资金。由于无法筹集到足够的资金，

---

① 杨林，赵忠锋，杨立明．提水灌溉农业存在的问题与对策．《中国水利》，第4期，2000.
② 赵玉红．水管单位企业化管理要解决的两个关键问题．《中国水利》，1999（4）.

许多需要新建的渠道无法施工。

（7）在放水时期缺乏有效的管理，使得渠道上下游的农田放水不均匀，上游的水大量浪费，而下游却无法从事灌溉，上下游农户之间由于放水引起矛盾和冲突不断发生。

世界银行认识到上述问题，因此世界银行项目经理、首席农业经济专家 Reidinger 提出，"在世行贷款项目区改革现有的灌区管理体制和运行机制，建立经济自立灌排区。"世界银行要求在项目区建立法律上自我管理、自主经营、经济上自我维持、自我发展的农民用水户参与式灌排区。

五 中国参与式灌溉管理发展回顾

在中国引进用水户参与式灌溉管理模式是在 20 世纪 90 年代初世界银行提出来的。当时，世界银行在准备湖南省和湖北省的长江水资源贷款项目。该项目包括改建湖北的四个大型灌区，新建湖南的两个大型灌溉系统项目。其中一个是在铁山灌区。表 3 - 2 给出了在不同灌区建立用水者协会的主要原因：

表 3 - 2　建立用水者协会的主要原因统计

地　区	建立协会时间	主要原因
湖南岳阳铁山灌区	1994 年	1. 世行要求；2. 原水资源管理体制落后；3. 地方政府截留水费；4. 农田灌溉管理越来越差；5. 为争水而发生矛盾和冲突
南阳市鸭河口灌区	1998 年	1. 渠道建管脱节；2. 田间工程无人管理，"一年建，二年毁，三年浇地不通水"；3. 灌溉防水无人管，水量浪费严重，灌溉效率低
河南省人民胜利渠灌区	1998 年	1. 基层政府截留水费；2. 管理不善，农民负担增加；3. 征收水费困难；4. 部分乡镇政府不支持成立用水者协会

（一）湖北省经济自立灌区建立过程

1992 年利用世行贷款的——长江流域水利资源项目，"湖北和湖南项目"处于准备阶段。世行项目经理 Reidinger 提出了世行需要进行投资政策的改革，需要把在水利项目贷款区建立"经济自立灌排区"作为世行投资水利项目的条件。

湖北省为了研究该省利用世行水利贷款项目建立经济自立灌区问题，水利厅通过省计划委员会的同意与立项，1993 年 8 月成立了经济自立灌区研究课题组，专题研究世行提出的经济自立灌区的问题。经过研究和征得有关单位的同意，荆门市漳河三干区和宜昌市东风灌区被选为湖北省建立经济自立灌区的试点对象。课题组首先对漳河三干渠灌区和东风渠灌区的管理机构、灌溉用水单位的财务状况、农民承受能力以及灌区管理存在的主要问题进行调查和研究。在此基础上，课题组提出了在这两个项目区建立经济自立灌区的方案。1993 年 9 月，湖北省通过世行项目办向世界银行提交了《湖北省世行贷款水利项目"灌溉区"建设研究中期报告》。1994 年课题组起草了《用水者协会章程》。

1995 年 5 月中旬，在湖北省利用世行贷款水利项目办的部署下，经济自立灌区工作小组（原湖北省经济自立灌区研究课题组的大部分成员都是工作小组的成员）和世行派来的专家 Krishna Cgautam，Upendra Gautam 一道，开始在漳河三干渠三分灌区试点建立用水者协会。

按照用水者协会的性质，应以水文单元来划分协会的边界，即同一条灌区属于同一个协会。经济自立灌区工作小组的重要任务之一就是进行水文边界调查和水文单元内的农户与耕地调查，并在此基础上确定协会的范围和划分小组。

用水者协会的管理机构在原则上是通过民主选举的形式产生的。在理论上，用水组全体农户选举出该组用水者代表和用水组首席代表，随后由这些代表以无记名的方式投票选举协会执行委员会成员，再由执行委员会的成员推选协会主席。中国第一个经济自立灌区的用水者协会——红庙支渠农民用水者协会于 1996 年 6 月 16 日成立。该协会分为 5 个用水组，通过选举每个用水组产生 5 名代表（用水者代表共 25 名），协会执行委员会 3 名，包括主席 1 名和副主席 2 名。协会成立大会上通过了协会的章程。

继红庙支渠农民用水者协会之后，1995 年 9 月，漳河项目区仓库支渠农民用水者协会成立。11 月该项目区的棟树支渠、九龙分渠农民用水者协会成立；12 月该项目区老山水系农民用水者协会成立。1995 年年底，东风灌区开始做试点准备，1966 年 4 月，东风灌区第一个农民用水者协会成立。此后，农民用水者协会逐步在漳河、东风项目区推广开来，并扩展到温峡、四湖项目区。

1997 年 5 月湖北省第一个供水公司——宜昌市白水河水库供水公司在东风项目区成立，1997 年成立了漳河三干渠供水总公司。这是第一个覆盖整个项目区的供水公司（刘厚斌，1997 年）[1]。

（二） 湖南省经济自立灌区建立过程

铁山灌区工程是湘北地区最大的水利工程，具有农业灌溉、乡镇供水、防洪拦砂、发电和水产养殖等综合功能。水库总容量 6.35 亿 m^3，集雨面积 493km^2，年产水量 3.8 亿 m^3，设计控制 4 个市县的耕机面积 95.37 万亩的耕地。1977 年灌区工程动工兴建，1982 年水库枢纽工程、南灌区骨干工程和部分支渠建成受益。1982 年铁山灌区工程管理局成立。工程局同用水乡镇签订供水协议，从乡镇收取水费。乡镇在水费问题上长期同管理局讨价还价，在工程的维护上却很少问津，税费大量被截留，长期拖欠。如南灌区乡镇向农民收取水费每亩[2] 10～16 元，而上交给南灌区所最高每亩平均不足 2 元。1996 年一个乡镇向农民征收水费 217 万元，交给管理所的仅 63 万元。被截留的水费由乡镇作为财政收入，随意支配，基本上没有用于工程维护。农村实现承包责任制以后，耕地经营的格局发生很大的变化，原来的通过行政的手段对农田的灌溉管理的效率越来越差，用水的矛盾日益突出，偷水、抢水、卡水的现象经常发生。

铁山北灌区作为湖南省利用世行贷款水利项目的一个子项目引进世行

---

① 刘厚斌，"湖北省经济自立灌区建设工作报告"，《湖北水利》，1997 年增刊.
② 1 亩 = 667m^2；1hm^2 = 15 亩.

贷款兴建北灌区续建配套工程。世行要求在项目区内建立经济自立灌区（SIDD）和农民用水者协会（WUAs）。1992 年岳阳市政府批准成立铁山供水公司，实行企业管理。1994 年批准开展经济自立灌区和农民用水者协会试点，并组建了经济自立灌区的工作领导小组。在湖北省水利厅和世界银行的指导下，该灌区制定了经济自立灌区的实施方案和农民用水者协会试点的发展计划。

1995 年 3 月铁山灌区选择了水利条件差、农民积极性高的北灌区临湘市长塘镇作为试点，成立了筹备小组，详细制定了工作日程并派专人指导协会的组建和工程建设的全过程。长塘支灌区内 1 693 个农户全部申请入会。自主选举了用水者代表，投票产生了协会主席和执行委员会成员。

在世行贷款资金和技术的援助下，用水户积极筹资投劳，新建支渠8.7km，改造和维修了原有支渠 8.7km，兴建田间排灌渠 16.5km，扩大灌溉面积 200 亩，改善灌溉面积 4 000 亩，节约用水，降低了灌溉成本，水费由 35～45 元/亩（提灌）、16 元/亩（自流）降低到 16～14 元/亩，工程运行的第一年平均亩产增加 85kg，用水户水费无一家拖欠（铁山供水工程管理局，2000）。

（三）　其他地区的经验

20 世纪 90 年代中期，在利用世行贷款建立的"长江流域水资源项目"中，在湖北的漳河水库灌区和湖南铁山灌区开展试点，取得一定经验之后，在利用世行贷款建设的"加强灌溉农业二期项目"中，经济自立灌区的试点工作又分别在河北省昌黎县、江苏省宿迁市皂河灌区，河南省焦作市广利灌区以及山东、安徽等省世行项目区逐步地推广开来。到 2000年 7 月止，全国已经在 8 个省建立了 17 个供水公司和 200 多个用水者协会。

从 20 世纪 50 年代以来，用水户参与式灌溉管理模式已经在世界上很多国家被采用，并取得了明显的成效。中国自从 20 世纪 80 年代农村采取责任制以来，虽然国家对水利建设的投资力度不断加大，可是由于在水利灌溉管理中的改革步伐滞后于经济发展的速度，同样也出现了 20 世纪 70 年代大力发展水利工程国家在当时所面临的问题：新的水利工程管理成本就变得越大，导致大部分国家都无法继续维持不断增长的灌溉区域的管理和维修费用。

目前用水者协会发展非常快速，政府已经号召全国所有大型灌区都实行灌溉管理转权改革，引入参与式灌溉管理方式。参与式灌溉管理或用水者协会被当作中国灌溉管理转权改革的方向。在第四部分和第五部分我们将对用水者协会对农业生产的影响效果进行实证分析。

第四部分

农村小型水利
改革效果分析

刘静

一 问题的提出①

随着我国经济发展，水资源供需矛盾日益突出，原有的灌区管理体制和投资体系越来越不能符合现代社会发展的要求。这种不符合主要表现在用水户节水意识淡薄、灌区水利用率很低、水资源浪费严重等方面（Chen and Ji，1994；Jiang，2003）②。虽然中国从1996年起就开始实施了大型灌区续建配套与节水改造项目，初步解决了灌区的部分病险工程，提高了灌区的供水能力，在一定程度上缓解了水的供需矛盾，但是过去水利工程设计标准低，设施配套差，加上年久老化失修，斗渠以下的工程毁坏严重，在进行灌区体制改革时，很难将这些破损的工程移交给农民自己管理，增加了体制改革的难度，造成体制改革的步伐明显落后于灌区工程的改造，经过改造的灌区不能最大限度地发挥作用，不利于灌区的可持续发展。

众所周知，农村水利基础设施在增强农业抵抗自然灾害能力、改善农业生产条件、提高农业综合生产能力、促进农民增收、发展农村经济中发挥着十分重要的作用。中国大多数灌溉和排水系统都是几十年前修建的，由于家庭联产承包责任制的推行，造成农村基层管水组织"缺位"，大量小型农田水利工程和大中型灌区的斗渠以下田间工程"有人用、没人管"、老化破损等问题严重。在这种情况下用相对较低的投入来改善维护这些灌溉系统，就能产生高额回报。因此，灌溉行业的核心问题，就是如何有效动员各种资源，通过一定的投入增强灌溉系统的可持续性，如何增强供水单位、村集体、农户参与管理和维护灌溉系统，如何提高利益相关者对灌

---

① 本研究得到世界银行、英国国际发展部和财政部公益基金项目经费资助。

② Chen，Xueren and RenbaoJi. Overview of Irrigation Management Transfer in China. Paper Presented at the International Conference on Irrigation Management Transfer，Wuhan，P. R. China，September 20 – 24，1994.

Jiang W. Sustainable Water Management in China，2003. This article can access at http：// www. chinawater. com. cn/jbft/jwl/2/20031029/200310290104. asp

溉管理系统的服务支持。

如何使灌溉工程设施处于完好状态，发挥应有功能、达到可持续发展，是一个世界性的难题。国外的经验是成立用水者协会（WUAs），让用水户（农民）参与灌溉管理，其主要做法是把一部分甚至是全部的灌溉管理权利和责任移交给用水户，帮助他们组织起来，自主经营，自我管理，用水户参与灌溉用水的管理和分配在全世界范围内都得到了普遍认可（Reidinger and Juergen，2000）①。这种灌溉责任化即让农民参与到灌溉的经营、管理和财务过程，是一种"参与式灌溉管理"的模式（张陆彪等，2003）②。用水者协会非常重要，它一方面增加了水供应者和管理人员的联系；另一方面增加了水资源受益人和使用者的联系，从而保障了持续、公平而有效地供水。文献研究表明，用水者协会（WUAs）作为有组织集体的一种模式，为农民提供了集体行为的方式，例如，信贷、劳动力和信息等资源。农户参与灌溉管理集体行为可以为自然资源管理设定规则，使农民获取新技术，从规模经济中获益（Stringfellow et al. 1997）③。

改革开放以来，中国一直在进行水利工程管理体制改革，农村基层灌溉管理方式也发生了一些变化，出现了一些群众性的管水组织，农民用水者协会就是其中的一种。从 1992 年起，中国利用世行项目逐步引进了自主管理灌排区的概念；1995 年通过世行项目成立了第一个现代意义上的用水者协会④，首次把用水者协会作为支渠以下工程管理体制改革的措施

---

① Reidinger，R. and Juergen，V.，"Critical Institutional Challenges for Water Resources Management". World Bank Resident Mission in China，2000.

② 张陆彪，胡定寰，刘静. 农民用水者协会的绩效与问题分析. 农业经济问题（月刊）. 2003（2）.

③ Stringfellow，R.，Coulter，J.，Hussain，A.，Lucey，T.，and McKone，C.（1997）Improving the access of small holders to agricultural services in Sub-Saharan Africa，Small Enterprise Development，8（3），35–41.

④ 中国在几百年前就存在了和现代意义上的用水者协会有些类似的管理组织，如江西的鲤皮协会、浙江的水利会、湖北宜昌的屡丰堰用水者协会等，详细内容可以参考《全国用水户参与灌溉管理调查与评估报告》（河海大学出版社，2006 年 1 月）

之一。经过 5 年试点，2000 年 7 月，中国政府号召全国所有 402 个大型灌区①中有条件的灌区都要开展灌溉管理转权（irrigation management transfer，IMT）改革，把支渠以下的灌溉管理权转交给组建的农民用水者协会。《水利工程管理体制改革实施意见》（国办发〔2002〕45 号）及《小型农村水利工程管理体制改革实施意见》（水农〔2003〕603 号）的颁布，表明中国政府对推广农民用水者协会的积极态度。目前中国已经建立了4 万~5 万多个 WUAs，覆盖 80 多个灌区（水利部，2009），随着 WUAs在中国的迅速发展，迫切需要分析协会对农业生产和农户收入的影响。

 研究方法和数据来源

本项目使用可持续生计分析方法（SLA）作为分析评估框架②（图4-1），运用参与式评估和倍差法（DID）评估 PPRWRP 的影响。可持续生计提供了一种概念架构，了解用水者协会的影响或效果，分析微、中级宏观层面上相关因素之间的关系，以及优先化干预措施。这个框架是动态的，用来识别外部波动和人们的行为导致的变化，出发点是人们可以动用的生计资产与政策制度和影响生计策略的选择过程之间相互作用。这里的资产包括 5 个方面，具体如下：

（1）自然资本包括土地、水、森林、海洋资源、空气质量、腐蚀防护、生物多样性。这些资产可以在私有制下，但也可以在公共财产制度下，或个人可能只有资源使用和管理的某些权利。

（2）物质资本包括运输、道路、建筑、住房、供水与卫生、能源、技术、通讯。就像自然资本，这些物质资本可以在私有制下或公共财产制度

---

① 在中国，占地面积为 20 000hm² 以上是大规模灌溉区，占地面积 667hm² 到 20 000hm² 的是中型规模灌溉区，占地面积 667hm² 以下的是小规模灌溉区。大规模灌溉区的总数为 402 个（水资源管理司，2002）

② 有关可持续生计方面的讨论和应用及更多内容，请参看 www. livelihoods. org

下，个人拥有不同类型的资产权利。

（3）金融资本包括存款（现金以及流动资产）、信贷（正式和非正式来源），以及流入资金（国家转移支付和汇款）。

（4）人力资本包括教育、技能、知识、健康、营养、劳动能力。在INRM这个案例中，当地的植物群、动物群或生态系统方面可能特别珍贵的资产。

（5）社会资本包括任何能提高信任、共事能力、机遇、互惠、非正式安全性的网络，以及更多的正式同事关系。

探讨协会成立对灌溉系统的影响，可以通过农户调查，对比WUA建立前后，水分配权的透明度、水配给的可靠性、供水时间、供水充足度、分配公平、渠道维护质量、结构作用、水费的收集和使用，以及WUA官员和工作人员对用水户关心问题的应对措施等，来对灌溉系统管理绩效评级。

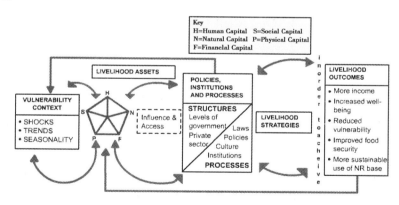

图4-1　可持续生计框架

（Source：http：//www.livelihoods.org/info/dlg/frame/frame.htm）

协会成立后，对农户而言是灌溉用水制度发生变化，必然会对农户家庭产生影响，在可持续生计分析框架中，外在政策制度变化影响人们如何使用他们的资产来追求不同的生计策略，对应于不同生计策略会有不同结果。本研究中用水制度变化表明农户生产中水资源要素投入发生变化，因而会影响其他生产要素例如化肥农药的变化，从而对农作物产量和农户家庭收入产生直接影响。因此，本项评估重点关注成立协会对农户收入、农业生产特别是农作物产量以及农业生产化肥农药投入的影响。除了上述要素投入变化外，农业灌溉用水管理制度也会发生变化，这些变化包括输送水的效率是否提高、用水者协会在分配水（可靠性、及时性、股权）、维修、用水效率、收缴水费、解决冲突及相关方面的实践和采用的新做法，从而带来灌溉系统效果发生变化，也会对农户收入产生影响。

评估WUAs是否能够给农户带来可持续收入，主要看农户在一定自然和经济条件下，通过各种途径能否获取较稳定收入而维持生活的状况，主要指标有收入水平、收入结构、收入能力、农户自身的资本存量，以及自然、经济等外界条件均会影响其收入水平和结构，进而影响其可持续收入能力的大小。资本存量包括人力资本和物质资本，它们是农户获取收入的前提，农村基础设施、产业结构、就业机会等社会经济条件与非农收入均密切相关。参与用水者协会农户和不参与农户比较而言，可能通过两条途径增加收入，一是协会减少农户用于种植业的时间，增加养殖业生产，使养殖业成为可持续收入的主要来源；二是用水者协会减少男性成员从事灌溉的时间，有助于增加外出打工等非农活动从而提高人力资本，促进家庭收入多元化。此外，当农户聚集一起讨论小型灌溉系统的运行和维护时，这种集体行动加强了社会资本，已有研究表明社会资本提升有助于农户从事非农就业，从而有助于农户收入能力提升。

为了理解用水者协会对生计、安全以及农村民主对于社区和农民特别是妇女和穷人的相对影响，本项目还需要对比相似条件下有用水者协会和没有用水者协会的村庄，即具有相似基础设施和社会条件。DID经济模型是实现这一目标，较好地评估WUA效果的有效方法。倍差法（Difference in Difference，DID）方法是分析和比较两组受体，对一组进行政策干预或处理，一组不进行，并且分别记录两组在干预前和干预后的结果。

DID的基本概念就是假定我们对一些单元进行随机处理（或者是自然处理使其看起来"好像"是随机的），然后估计处理的作用。但是我们只能比较这些单元处理前和处理后的不同，其他因素也会随着时间变化对单元产生影响。因此，我们使用一个"对比组"，用来显示其他影响因素，从而能够分析出独立的处理效果。

该研究中用两种方法计算处理影响：

一种是非回归分析，即取每组处理前和处理后结果的平均值，然后计算平均值的 DID 处理效果。

	处理组	控制组
之前	TB	CB
之后	TA	CA

处理效果 ＝（TA－TB）－（CA－CB）

另外一种方法是回归分析，我们在回归框架下可以得到相同的结果（这样我们就可以在必要时添加回归控制）：

$Y_i = \beta_0 + \beta_1 \text{ treati} + \beta_2 \text{ afteri} + \beta_3 \text{ treati} * \text{afteri} + ei$

说明　　treat ＝ 1 指处理组， ＝ 0 指控制组

　　　　after ＝ 1 指处理后， ＝ 0 指处理前

交互作用项系数（β_3）让我们得出 DID 估计处理效果；

在回归方程中加入 0 和 1 即可：

$Y_i = \beta_0 + \beta_1 \text{ treati} + \beta_2 \text{ afteri} + \beta_3 \text{ treati} * \text{afteri} + ei$

	处理组	控制组	区别
之前	$\beta_0 + \beta_1$	β_0	β_1
之后	$\beta_0 + \beta_1 + \beta_2 + \beta_3$	$\beta_0 + \beta_2$	$\beta_1 + \beta_3$
区别	$\beta_2 + \beta_3$	β_2	β_3

考虑到有些变化是由于时间推移引起而不是政策干预的结果，处理组的变化会根据对比组的变化调整。也就是说假定对比组是从时间上反映处理组不进行政策干预将会产生的结果。

采用可持续生计影响分析框架，完成上述研究内容的关键在于数据，本研究的数据来源包括 3 个方面：一是调查数据，采用随机调查的方法，

在新疆、湖北、河北、湖南、江苏等地区进行半结构访谈、协会调查和农户调查；二是二手数据，包括项目监测评价数据，调查中获取的项目评估手册、材料等；三是文献数据，包括类似研究中的分析材料等。

三　数据抽样

为了使样本更有代表性，课题组选定新疆三屯河灌区和台兰河灌区、湖北东风灌区和河北遵化灌区，作为农户调查点，选择上述四个灌区的原因是：

——涵盖包括井渠结合、地下水灌溉，地表水灌溉 3 种 WUA 类型和大量贫困人口；

——代表了水源充足区域（长江流域）和水源短缺区域（黄河流域）；

——有高质量的、有妇女广泛参与的 WUAs，也有质量相对较差的WUAs；

——湖北东风灌区位于长江流域，是 1995 年建立 WUAs 的首批试点区，该项目可以获得 WUAs 在中国发展演变的详细信息；

——河北遵化灌区位于滦河流域，是该流域典型灌溉区，主要灌溉类型为地下水灌溉和井渠结合，项目已实施完成，可以考察项目完成后对当地农业生产、农村经济和农户的影响；

——新疆是中国水资源短缺最为严重地区，水资源已成为制约农业生产发展的重要因素。相比其他项目区而言，所有协会都是项目实施后才建立，是作协会农户和对照村农户 DID 分析的最佳地点，而且新疆用水者协会量水到户做得最好，农户对灌溉用水管理也最关注；新疆是全国唯一既有农发办又有水利部的项目点，水利部的点是昌吉市三屯河灌区，农发办的点是阿克苏温宿台兰河灌区，新疆的农户调查可以比较农发办和水利部项目点的不同和经验，非常有研究价值。课题组在新疆收集农户问卷最多，占全部农户样本量的 60% 左右。

农户生计分析中，需要有：

——生计资产，比如，人力资本、社会资本、实物资本、金融资本和自然资本；

——灌溉用水供给质量包括灌溉频率、等水时间、灌溉延误等；

——对农业劳动和非农劳动时间的影响；

——农户对协会的认知程度，如是否知道协会、能否说出协会的章程等；

——农民参与程度，如是否有人反对执委会和主席的决定、农户是否参与协会选举、农民的建议是否受到重视；

——直接或间接的生计成果，比如，对农业投入、作物产量和农民收入的影响。

因此，农户问卷调查主要包括 3 个方面：一是家庭农业生产基本情况，包括家庭状况、种植面积、土地利用状况、作物种类、粮食产量、农业收入、非农活动、种子、化肥、农药投入、灌溉类型、供水、等水时间、渠道维修的劳动投入、采用节水技术的条件、水费、贫困家庭用水的可获得性以及农户参与 WUAs 的程度等；二是灌溉系统的运行效果包括水分配权的透明度、水配给的可靠性、供水时间、供水充足度、分配公平、渠道维护质量、水费的收集和使用；三是农田水资源管理策略的详细数据，如灌溉的频率和时长、浇水深度、池塘和泵的使用进行了收集。根据目标和对数据访问的可行性，我们在问卷中选择了：WUA 成立前 4 年、WUA 成立前 3 年、WUA 成立前 2 年、WUA 成立前 1 年、2004 年、2005年、2006 年和 2007 年，作为农户数据资料收集时间段（附件 1）。

每个灌区上、下游各选择一个典型协会，在协会内部抽取农户调查样本，农户样本的选择采取随机分层选择，以确保不同性别、地点（高、中、低 3 种水平的灌溉系统）和社会经济状况（高、中、低 3 种经济水平的农民）的受访者都能包含其中。采用分层抽样方法选择农户，即根据收入水平，把一个 WUA 内所有的农户分成高、中、低三级，然后在每一级

中任选 10 个农户，一个 WUA 内共选 30 名。这样一个灌溉区将可选择 2
个 WUA 和 60 个农户。对照村的样本选择标准是各协会的其他情况基本相
似，唯一的差别是有协会，一个没有协会，分别在新疆 2 个灌区 4 个协会
选取了 4 个对照村，对照村采用农户的抽样同协会农户相同。

2008 年 1 月末，课题组赴湖北东风灌区做预调查，修改农户调查问卷
和协会主席调查问卷，2 月份农户调查问卷定稿；2 月下旬 3 月上旬分别
赴新疆阿克苏市温宿县台兰河灌区和昌吉市三屯河灌区进行农户调查和用
水者协会访谈，共收集 3 个渠灌协会和对照村，1 个渠和井灌相结合的协
会和对照村的农户调查问卷 267 份，整理分析得到有效调查问卷 249 份，
其中协会农户 127 份和对照村农户 122 份；4 月上旬赴湖北东风灌区进行
调查，在东风灌区未按照计划选取两个协会，只选择了灌溉类型为渠灌的
三干渠协会，主要因为湖北灌区的灌溉类型全部都是渠灌，三干渠协会非
常大，灌溉面积包括 4 个乡镇涉及 18 个行政村，我们在协会内部选择了
上游农户和下游农户，共收集 98 份农户问卷，整理分析后得到有效问卷
95 份；5 月上旬赴河北遵化灌区调研，共收集 1 个渠灌协会 1 个井灌协会
88 份调查问卷，整理分析后得到 81 份有效问卷。课题组共收集到 5 个渠
灌协会 3 个渠灌对照村、1 个井灌协会和 1 个渠灌井灌相结合的协会和对
照村的 425 份有效问卷，其中协会农户 303 份，对照村农户 122 份。我们
的农户调查涵盖了所有灌溉类型包括渠灌、井灌、渠灌和井灌相结合和不
同收入水平，同时调查中注意收集女性户主家庭的资料。详细的灌区名
称、选择协会和对照村理由以及协会、对照村的名称见表 4 - 1。

表 4 - 1 农户调查灌区（对照村）详细情况

序号	灌区	协会	选择理由	灌溉水源
1	湖北东风灌区	三干渠协会	协会运行状况好，执委工作能力强，水利部执行的项目区，一期、二期均有项目	渠灌
2	新疆温宿县项目区	青年农场六队协会	多民族村，运行情况较好，水源上游，财政部执行的二期项目区	渠灌
3		青年农场四队（对照村）	与六队的灌溉条件、社会文化状况基本相同	

（续表）

序号	灌区	协会	选择理由	灌溉水源
4		佳木镇尤喀克吐曼村协会	维吾尔民族村，协会成立前矛盾较多，运行基本良好，灌溉水源的下游，财政部执行的二期项目区	渠灌
5		佳木镇尤喀克佳木村	与尤喀克吐曼村的灌溉条件、社会文化状况基本相同	
6	新疆三屯河灌区	军户协会	协会的财务状况较好，基本可以收支平衡，水费之外的收入来源较为固定，回族村，水利部执行的二期项目区	渠灌
7		二畦村（对照村）	和军户协会的灌溉条件类似未建立协会	
8		佃坝乡佃坝协会	成立协会前用水纠纷比较多，协会基本可以运转，水利部执行的二期项目区	井灌和渠灌相结合
9		佃坝乡西沟二村（对照村）	和佃坝协会的灌溉条件、社会条件类似	
10	河北遵化	东陵乡新立用水者协会	灌溉条件一般，渠道条件一般，运行基本良好，财政部执行的一期项目区	井灌
11		汤泉乡果子村用水者协会	水源中游，灌溉条件较好，渠道衬砌较好，满族较多，财政部执行的一期项目区	渠灌

四　协会成立对农民收入的影响

（一）　调查地区收入概况

　　要说明调查地区收入状况，最好的办法是将调查地区的收入和全国水平做比较。为了便于比较，我们选择农民人均纯收入指标，这个指标可以直观反映出不同地区农民收入水平差异。表4-2是全国、调查地区、所有调查农户、协会农户、新疆协会农户和对照村农户2004—2007年农民人均纯收入。

　　表4-2数据表明，被调查农户人均纯收入远高于同期全国平均水平，特别是2007年农户的人均纯收入约为全国1.45倍，协会农户的收入更是

全国的 1.5 倍，说明平均而言，我们调查的农户的收入水平在全国属于中等偏上。被调查农户收入水平高，主要因为农业生产对灌溉非常依赖，灌区农户收入高于非灌区的雨养农业农户，全国农民人均纯收入是灌区和雨养农业平均，而本研究调查的农户均属于灌溉农业，其收入水平必然高于全国水平。

从选择调查地区来看，除新疆温宿县农民人均纯收入低于全国平均水平外，其他地区均高于全国水平，特别是新疆昌吉市高出全国水平的60%左右。原因主要是昌吉市离首府乌鲁木齐只有 38km，交通便利，市场较发达，农户种植的棉花、番茄、制种瓜、葡萄、李子、苹果和蔬菜等高价值经济作物销路很好，农民收入相对较高。

表 4 - 2　农民人均纯收入（元）

地　区	2004 年	2005 年	2006 年	2007 年
全　国	2 936	3 254	3 587	4 140
新疆昌吉市	4 712	5 161	5 571	6 858
新疆温宿县	2 779	3 098	3 385	3 868
湖北当阳市	3 551	3 815	4 179	4 653
河北唐山县	4 083	4 560	5 155	5 825
调查地区平均	3 781.25	4 158.5	4 572.5	5 301
调查农户平均	4 235	4 659	5 213	5 989
协会农户	4 240	4 655	5 276	6 175
新疆协会农户	4 020	4 453	5 012	5 972
新疆对照村	4 011	4 462	4 957	5 653

数据来源：全国数据来自《中国统计年鉴》；地方数据来自地方政府公报；调查农户农民人均纯收入指所有 425 个农户计算得出；协会农户是 303 户；新疆协会农户是 127 个，对照村是 122 个

（二）协会农户和对照村农户收入比较

与本章节协会和对照村抽样方法相似，课题组选择的协会和对照村农户的唯一差别是是否有协会。新疆地区的协会建立于 2006 年。2004 年和 2005 年农民人均纯收入基本一样，但 2006 年起协会农户收入高于对照村

农户，且两者的收入差距呈扩大趋势（图 4 - 2），表明协会建立对农户收入有促进作用。下一部分内容我们将利用新疆协会农户和对照村农户数据，运用计量模型分析协会对农户收入的影响。

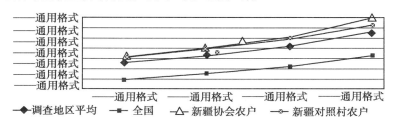

图 4 - 2　农民人均纯收入变化趋势

数据来源：同表 4 - 1。

（三）协会和对照村收入差别分析

为了分析协会农户和对照村农户收入差距扩大的原因，我们需要对农户收入的决定因素进行分析。按照经济学理论，农户收入来源于个体人力资本（健康和教育）、政治和社会资本以及物质资本（拥有的固定资产）。当然，个人特征如年龄结构也可能与收入有关。调查中协会村和对照村，除了参加协会之外，二者其他条件基本相似，因此有理由认为协会对农户收入发生了影响。考虑了诸因素之后，本研究认为农户的收入决定因素包括五类变量——家庭特征、人力资本、社会资本、公共服务和制度政策因素，由此可以写出收入决定方程：

$$\ln Y = \alpha_0 + \sum_j \beta_j \ln X + \omega \text{Ln}WUA + \varepsilon_{it}$$

$\ln Y$ 是农民人均纯收入的对数，X 代表个人特征、人力资本、社会资本、公共服务，我们在解释变量中还考虑是否成立协会 WUA，并在模型中引入协会和农户交互项。

表 4 - 3 列出了农户收入方程回归中的主要变量统计描述。从个人特征看，新疆被调查农户中 59% 是汉族，93% 的人已婚，96% 的家庭户主是男性，户主平均年龄 40.23 岁；从人力资本看，户主受教育平均年限为

6.58 年即小学毕业，91% 的人受过技术培训，27% 的人认为医疗支出占生活总支出首位，大约有 16% 的家庭有亲戚或朋友是政府官员，有 9.2% 的人是党员，有 46% 的家庭通水，人均耕地面积是 6.5 亩，调查农户样本中 127 户是协会农户，占总样本量的 51%。我们关注协会农户的系数符号，如果系数为正，表明和对照村农户相比，成立协会对农户收入增加有促进作用。

表 4 – 3　农民人均纯收入决定方程变量描述统计

变量	解释	均值	标准差	最小	最大
家庭及成员特征					
家庭规模	家庭成员数目（对数形式）	1.233	0.51	0	2.16
民族	汉族 = 1；其他 = 0	0.59	0.51	0	1
婚姻状况	已婚 = 1；其他 = 0	0.93	0.13	0	1
户主性别	男 = 1；其他 = 0	0.96	0.21	0	1
年龄	户主年龄	40.23	10.52	24	75
人力资本					
教育程度	户主受教育年限	6.58	2.43	0	17
培训情况	接受培训 = 1；其他 = 0	0.91	0.15	0	1
大病	医疗支出是个人最大支出 = 1；其他 = 0	0.27	0.18	0	1
社会资本					
社会资本	有亲戚、朋友是政府官员 = 1；其他 = 0	0.16	0.19	0	1
党员	党员 = 1；其他 = 0	0.092	0.236	0	1
公共服务					
是否通水	通水 = 1；其他 = 0	0.46	0.58	0	1
资产					
人均耕地	人均耕地（亩）	6.53	1.23	5.5	7.5
制度变化					
协会农户	协会农户 = 1；其他 = 0	0.51	0.53	0	1

数据来源：课题组调查，127 份协会农户，122 份对照村农户。

作为比较，我们采用随机效应和固定效应模型，来检验协会是否对农户收入有积极影响，为了村和县的固定效应，将村和县虚拟变量引入回归中。固定效应估计量的系数和随机效应估计量符号和系数几乎是相同的，这表明我们的模型的设定是正确的，并且残差与解释变量并不相关。对模型进行 Hausman 检验，拒绝了随机效应接受固定效应。

表 4-4　收入决定方程回归结果

变　量	固定效应	随机效应
家庭规模	-0.32^{**}（-6.52）	-0.31^{**}（-6.52）
民族	0.069^*（2.12）	0.071^*（2.08）
婚姻状况	0.062（0.58）	0.068（0.62）
户主性别	-0.041（-0.236）	-0.037（-0.198）
年龄	-0.008（-0.91）	-0.008（-0.96）
教育程度	0.038^*（1.99）	0.038^*（1.99）
培训情况	0.457^{**}（3.12）	0.453^{**}（3.21）
大病	-0.069（-0.165）	-0.069（-0.165）
社会资本	0.127（0.98）	0.129（0.91）
党员	0.352^*（2.39）	0.349^*（2.39）
是否通水	0.143（1.23）	0.141（1.26）
人均耕地	0.266^{**}（4.31）	0.268^{**}（4.29）
协会农户	0.125^{**}（3.56）	0.125^{**}（3.51）
观察值	1 245	1 245
调整后 R^2	0.456	0.027

注：样本分别在两个县 8 个村，因此有 2 个县虚拟变量，8 个村虚拟变量，数据集包含了 1 245 个"观察值"，249 个农户家庭，5 个不同年份（2003 年、2004 年、2005 年、2006 年、2007 年）。括号值为 z 检验，* 在 5% 的水平上显著，** 在 1% 的水平上显著，虽然固定效应和随机效应在系数和符号上几乎完全一致，Hausman 检验后拒绝了随机效益模型，接受固定效应

表 4-4 是方程回归结果，我们最关注的协会农户系数为正统计显著，表明同对照村农户相比，成立协会对农民收入有显著正影响；此外，家庭规模对收入有明显副作用，说明家庭人数越多，农民人均收入越少。调查地区自 1998 年进行土地调整后，没有重新分配土地。我们调查的农户家庭户主平均年龄为 40 岁左右，这些家庭第二或第三个孩子部分出生于 1998 年之后，这时出生的孩子不能获得土地，造成家庭实际拥有资产下

降，必然带来收入减少，这和我们现实观察到的情况相符，孩子越多家庭越贫困；参加培训和人均耕地对农民收入也有显著正影响，参加培训相当于对人力资本投资，必然会有正的回报，同时也说明项目设计中培训起到实际效果，家庭人均耕地面积越大，获得收入越高；教育、民族系数为正，统计显著，说明教育和汉族对农民收入有正影响；党员同收入正相关，和普通农户比，党员拥有较多社会资本，有助于收入增加。

我们的调查数据表明，2003—2007 年间用在农业生产上的时间减少了，这就意味着农民有更多的时间来从事非农业活动，来多元化他们的收入来源。农民每年平均花费在农业活动上的天数从 169 天下降到了 160 天；农民平均花在灌溉上的天数从 6.5 天减少到了 5.3 天；农民每天平均花在畜牧养殖上的时间从 1.5 个小时增加到了 2 个小时，而且拥有家畜数量也增加了；施肥的平均天数从 4.5 天增加到了 5.3 天；除草和喷洒农药的平均天数从 8.6 天增加到了 8.9 天，增加了 3.08%；收割的平均天数从 27 天减少到 26.9 天，减少了 0.2%；销售的平均天数从 3.6 天增加到 4 天；渠道维护的平均天数从到 3 天增加到了 4 天，同时，农民花在灌溉基础设施的维护和建设上的时间更多了。

因此我们可以大胆假设，协会成立有助于农户收入增加，可能的原因是协会成立后灌溉用水质量改善，在其他条件不变情况下，农作物产量会提高；同时协会成立减少了家庭用于灌溉的时间，家庭可以将节省的时间用于畜牧业养殖、销售农产品；协会成立后，农户水费缴纳也会有所不同。下面将采用 *DID* 方法对协会农户和对照村农户进行详细分析。

五 *DID* 分析

我们采用 *DID* 模型估计方法来研究用水者协会改革对农民收入的影响，全部样本为协会农户和对照村农户。再把每组分为项目实施前的 2005 年和实施后的 2007 年两个时间阶段。这样，就可以通过协会组和对照组在两个时期的变化研究改革政策的效果。

用公式形式表达。令 y 为因变量，分别分析用水者协会对农作物单产、现金收入、农作物销售收入、畜产品销售收入、现金支出、农业用水水费的影响。令自变量 dB 表示农户是否参加用水者协会的虚拟变量，对于协会内农户，dB 的值为 1，对于协会外农户，dB 为 0。令自变量 dA 表示成立协会前后的虚拟变量，成立协会前 dA 的值为 0，成立协会后 dA 为 1。用于分析政策变化影响的最简单方程为：

$$y = a + b \cdot dA + c \cdot dB + \delta \cdot dAdB + \varepsilon$$

其中，交叉值 $dAdB$ 表示观测值为协会内农户组且协会成立后的虚拟变量，它的系数 δ 正是我们要观察的政策效果。OLS 估计量 δ 被叫做 DID 估计量。

对于协会外农户，dB 为 0，模型可以进一步表示为：

$$y = a + b \cdot dA + \varepsilon$$

因此，成立协会前后，协会外农户的因变量变化为：

$$dif1 = (a + b) - a = b$$

对于协会内农户，dB 为 1，模型可以进一步表示为：

$$y = a + b \cdot dA + c + \delta \cdot dA + \varepsilon$$

因此，成立协会前后，协会内农户的因变量变化为：

$$dif2 = (a + b + c + \delta) - (a + c) = b + \delta$$

如果调查样本是随机选取的，就可以剔除协会内农户和协会外农户之间的系统差异。则参加农民用水者协会对协会内农户各项因变量指标的净影响（DID）值为：

$$DID = dif2 - dif1 = \delta$$

这个式子是定量研究用水者协会效果的基本方法。根据上述步骤，我们计算了用水者协会成立对农户棉花亩产影响的 DID 值。

表 4 - 5 模型结果显示，协会成立前，协会内农户组的棉花亩产均值略高于协会外农户组的棉花亩产均值，但差别很小，只有 0.001，标准差为 0.023。在进行用水者协会的改革后，协会内农户组棉花亩产比协会外

农户组高，为 0.268，标准差为 0.355。与成立协会前比较，协会内农户组的棉花亩产有所增加，两者的差值 0.267（0.268 - 0.001）就是 *DID* 估计值，它反映的是改革后协会内农户组和协会外农户组的棉花亩产都有所增长，但两相比较，还是协会内农户组增长得较多。这个两期差别间的差值就可以解释为用水者协会改革的效果。而且，*DID* 估计值的标准差为 0.056，在 1% 显著性水平下有显著差异。课题组认为，用水者协会对棉花亩产有显著的影响。

表 4 – 5 用水者协会对农户棉花亩产的模型结果

棉花亩产	协会外农户	协会内农户	*dif*
协会成立前	3.857	3.858	0.001
	(0.178)	(0.162)	(0.023)
协会成立后	3.858	4.126	0.268
	(0.185)	(0.154)	(0.355)
dif	0.001	0.268	0.267
	(0.063)	(0.184)	(0.056)

数据来源：课题组调查，127 份协会农户，122 份对照村农户。

依此思路，我们计算了用水者协会成立对农户现金收入、农作物销售收入、畜产品销售收入、现金支出、农业用水水费的影响，并作了显著性检验，表 4 – 6 汇总了模型结果。显然，协会成立对畜产品销售收入、农业用水水费、农作物销售收入的影响较大，但统计上不显著。另外，现金收入和现金支出指标的 *DID* 值相当小，且统计上不显著。就是说，协会对农户现金收入和现金支出指标的影响几乎为零。调查中发现，农户是否参加用水者协会的决定并不是农户自己根据家庭经济情况作出的，也不是村民大会进行民主决策的结果，而是农户所在村的村干部的政治决策使然，计量分析中存在的内生性问题基本上可以忽略。

表4-6 用水者协会对协会内农户组的经济影响及显著性检验

因变量指标	DID 值	标准差	T 统计量	sig
棉花亩产	0.267	0.096	3.586	0.003
现金收入	0.032 6	0.624	2.356	0.253
农作物销售收入	0.328	0.324	0.753	0.341
畜产品销售收入	0.421 4	0.903 4	3.223	0.132
现金支出	0.032 5	0.322	0.469	0.531
农业用水水费	0.62	0.192	2.365	0.436

数据来源：课题组调查，新疆农户调查协会农户125户，对照组农户122户。

（一）供水质量的影响

为了进一步比较灌溉用水质量提高对农业生产率的影响，在表4-7中我们比较了2003年和2007年的棉花的年灌溉频率、总的灌溉等待时间和灌溉不足导致棉花减产估计，结果表明协会成立后灌溉系统在灌溉频率、申请水和灌溉之间的时间间隔以及灌溉及时度方面有显著改善，棉花产出损失下降，具体见表4-7。

表4-7 灌溉水质量改善指标

	灌溉频率（次）		等待时间（小时）		缺水导致的棉花减产（%）	
	2003 年	2007 年	2003 年	2007 年	2003 年	2007 年
协会农户	3.6	3.9	5.6	4.5	5	0
对照村农户	3.4	3.5	5.5	5.4	5	3.3
差 额	0.2	0.4	0.1	-0.9	0	-3.3

数据来源：课题组调查，新疆农户调查协会农户125户，对照组农户122户

约85%的调查农户表示，成立WUAs后用于灌溉等水和看水的时间缩短了。主要原因是：渠道条件的改善、渠道输水能力的提高、灌溉时间的缩短以及灌溉的可靠性提高。灌溉水质量提高的主要原因，是在被调查协会的灌溉系统的硬件质量（比如渠道维护）和灌溉水管理水平两方面有很大改善。灌溉系统的改善是当地政府为了配合DFID项目资金支持和农民参与用水者协会的结果。课题组调查中，农户多次提到协会对支渠和毛渠防渗改造，被调查的4个用水者协会已经对渠道进行防渗加固更新改造，

并且对 6 个支渠道进行防渗加固，86 个毛渠进行清淤。调查中最有效率的是三屯河灌区军户协会，其渠道防渗工作非常到位，保障灌溉水及时性，农户对渠道改善的成就有目共睹，都说成立协会真是好，解决了渠道改造老大难问题。为了明确验证协会成立对改善灌溉用水质量、棉花产量的影响，我们将用计量经济模型来进行分析。

（二）灌溉供水质量模型

在计量经济分析中，我们还是采用随机效应和固定效应模型，使用农户调查面板数据来检验用水者协会的建立是否对灌溉水供给有正效应。我们使用灌溉频率来说明水运送的质量。模型分析中，灌溉频率是被解释变量。渠道运行和维护的免费劳动投入、用于申请灌溉的时间、需要和得到水的时间差都被包括。而灌溉出口与农民主要耕地的距离和是否有用水者协会作为解释变量，我们控制了家庭的特征变量如年龄、教育和户主的性别。在控制时间、村和县固定效应时采用和收入决定方程同样的方法。

表 4－8　供水质量统计描述

变　量	均值	标准差	最小值	最大值
户主年龄（年）	40.23	10.52	24	72
户主教育（年）	6.58	2.43	0	17
户主性别（男 =1；其他 =0）	0.96	0.21	0	1
灌溉频率（次数）	3.38	1.59	0	9
申请灌溉所需时间（天）	4.19	3.56	0	24
需要和得到水的时间差（小时）	5.5	21.56	0	144
灌溉水延误次数（次）	0.48	0.81	0	4
缺水导致的棉花减产（%）	3.21	7.36	0	50
出水口到农民主要耕地的距离(km)	2.36	2.59	0	20.2
总的水成本（元）	1 546	3 210	200	9 860
看水所需时间（天）	3.20	3.4	2	7
棉花用水占总用水的份额（%）	38.16	20.94	20	55
降雨占棉花所需水的份额（%）	5	4.39	0	10
在渠道运行和维护上的义务劳动投入（天／人）	3.70	3.02	0	30
用水者协会（协会 =1；其他 =0）	0.52	0.53	0	1

数据来源：课题组调查，新疆农户调查协会农户 125 户，对照组农户 122 户

　　表4-8列出供水质量模型中使用的主要变量的统计性描述，户主的平均年龄40岁、受教育年限7年（初中二年级），灌溉的频率为3次，申请灌溉平均需要4天，水从干渠到农户田间时间平均为5.5小时，用水延误次数较少，不足1次，但是农户水费负担较重，平均为1 546元。三屯河灌区对灌溉水价实行配额管理，配额内水价为0.08元/m³，配额外水价为0.12元/m³，农户承包到户的耕地属于配额内低价水费，如果农户承包村集体用地，属于配额外高价水费①。棉花平均占灌溉用水总量的38%，农户投工投劳维护水利设施的时间平均为3.7天。

　　表4-9是模型结果，有几个明显的特征。用水者协会对灌溉频率有正的效应，这意味着用水者协会可以改进灌溉质量。渠道运行和维护的免费劳动投入对灌溉频率有正效应，通过检验统计显著，这主要是因为用水者协会可以动员更多的资源投入到渠道运行、维护和灌溉水的监管，从而促使灌溉水运送质量的改进。灌溉出口到农民主要耕地的距离对灌溉频率有显著的负效应，这很容易解释，更长的距离意味着更长的时间得到水。唯一不能解释的是水价，一般而言水价越高，灌区用于渠道维护的资金越充足，供水质量越好，水价符号应为正，但模型结果却是负数，虽然统计上不显著，负号表明水价越高供水质量越差。模型结果表明水运送的质量已经在用水者协会建立后得到提升，主要是由于更多资源投入到渠道运行以及维护以及灌溉及时性的提高。

表4-9　用水者协会对供水质量的影响

变　量	固定效应		随机效应	
家庭的年龄（年）	-0.016	（-0.91）	-0.017	（-0.96）
户主受教育的年限（年）	0.028	（0.77）	0.029	（0.79）
性别	-0.153	（-0.84）	-0.156	（-0.85）
渠道运行和维护的总免费劳动（天/人）	0.068**	（2.50）	0.063**	（2.52）

---

① 　课题组在三屯河佃坝协会调查时，遇到承包了村集体土地130亩的种田大户，他每年的水费支出在9 800元，最高时达9 860元（表中最高值）

（续表）

变　量	固定效应		随机效应	
申请灌溉的时间花费（天）	− 0.051 *	（− 1.86）	− 0.053 *	（− 1.89）
需要和得到水的时间差（小时）	0.007	（1.27）	0.007	（1.22）
灌溉出口和农民主要耕地的距离（km）	− 0.023 **	（− 2.01）	− 0.023 **	（− 2.01）
总水费	− 0.0003	（− 0.99）	− 0.0003	（− 0.98）
用水者协会	+ 0.029 **		+ 0.029 **	
R^2	0.595		0.026	

注：样本分别在两个县 8 个村，因此有 2 个县虚拟变量，8 个村虚拟变量，数据集包含了 1 245 个"观察值"，249 个农户家庭，5 个不同年份（2003 年、2004 年、2005 年、2006 年、2007 年）。括号值为 t 检验，* 在 10% 的水平上显著，** 在 5% 的水平上显著，虽然固定效应和随机效应在系数和符号上几乎完全一致，Hausman 检验后拒绝了随机效应模型，接受固定效应

随着用水者协会的建立，灌溉用水保证度提高，农户愿意更多化肥农药物资的投入，表 4 - 10 列出协会农户和对照村农户的平均投入情况。协会农户比对照村农户施用了更多的氮肥、有机肥和农药。他们花更多的钱在农药上。

表 4 - 10　棉花的投入对比使用情况

	有用水者协会		没有用水者协会		平　均	
	温宿	昌吉	温宿	昌吉	温宿	昌吉
化肥使用（kg/hm²）						
氮肥	153	165	160	208 *	157	187 *
磷肥	44	43	44	51 *	44	47
钾肥	7	0	36	3	24 *	1.5 *
种子（kg/hm²）	26 *	20	30 *	22	28 *	21
有机肥（t/hm²）	3.2	4.8	1.1	5.0 *	2.0	4.9 *
杀虫剂	114	124	72	92	90	108
除草剂	36	59 *	25	44 *	29	52 *
家庭劳力	72	105 *	87	174 *	81	139 *
雇工	11	5	11	7	11	6
总劳动投入	83	110 *	98	181 *	92	145 *

* 均值显著性在 5%

（三）产量效应模型

上述分析验证了协会成立可以改善灌溉供水质量，提高农业投入，这些变化将会对农作物产量产生显著影响。下面采用柯布-道格拉斯（Cobb-Douglas）形式的棉花生产函数来分析协会对棉花生产的影响。

$$\ln Yield = \alpha_0 + \sum_j \beta_j \ln X + w \ln WUAs + \varepsilon_{it}$$

$\ln Yield$ 是平均棉花单产的自然对数（kg/hm^2），X 代表棉花每公顷常规投入，包括劳动、种子、含氮物、磷、钾、农药和其他投入如灌溉。WUA 用水者协会是水管理变量，包括灌溉频率、需求和得到水的时间差，渠道运行和维护的总免费劳动。我们在解释变量中引入协会选举的虚拟变量。

表 4-11 协会对棉花生产的影响

变 量	OLS 回归
Ln 灌溉频率（次）	0.106 ***
	(3.16)
Ln 劳动投入（天/hm^2）	0.338 ***
	(3.46)
Ln 土地投入（hm^2）	0.128 **
	(2.89)
Ln 灌溉出口和农民主要耕地的距离（km）	-0.063 **
	(-2.91)
Ln 需要和得到水的时间差（小时）	-0.028
	(-0.79)
Ln 氮肥料的投入（kg/hm^2）	0.081 **
	(2.81)
Ln 磷肥料的投入（kg/hm^2）	0.067 **
	(2.63)
Ln 钾肥料的投入（kg/hm^2）	0.201 **
	(2.49)

（续表）

变　量	OLS 回归
Ln 农药的投入（kg/hm²）	0.47 **
	(2.67)
Ln 种子投入（kg/hm²）	0.048
	(1.12)
Ln 灌溉水使用（m³/hm²）	0.243 **
	(1.98)
Ln 机械投入（万 kW）	0.054
	(1.05)
协会农户（协会＝1；其他＝0）	0.153 **
	(2.01)
协会选举变量值（选举＝1；其他＝0）	0.311 **
	(2.23)
R^2	0.527

注意：括号中的值是 t 检验，** 和 *** 表明统计显著性分别在 5% 和 1%。我们区别了不同肥料和农药的投入并对模型进行稳健性（Robust）检验

　　表 4 – 11 是通过稳健性（Robust）检验的普通最小二乘法（OLS）估计值。我们最关心的协会农户和协会选举变量都对棉花产量产生显著影响，变量系数为正，说明参加协会有助于促进棉花产量提高，协会选举变量系数也为正，说明协会选举越民主，越能有效促进棉花产量提高，因为协会选举越民主，农户参与意愿越高，越能选出合适人员管理水事务，越能够动员更多的农户参与农田水利设施维护和公平有效管水。

　　此外，模型显示出劳动力投入、灌溉对棉花产量具有极其显著的正影响，劳动投入越多、灌溉越及时，棉花产量越高，这在实践中很容易理解。和其他地区相比，新疆的土地资源相对多，劳动相对稀缺，而棉花生产需要大量劳动投入，特别是到了棉花收获季节，需要大量人工采摘。每年棉花采摘季节，棉花种植者都要雇用大量人工采摘棉花；棉花是水资源密集型农作物，新疆的资源禀赋是水资源稀缺，土地相对多，这种情况下，增加水资源就会增加土地产出。土地、化肥、农药、灌溉水用量都对棉花产量产生正的

较显著影响，即土地越多、化肥、农药越多、灌溉用水量越多，棉花产量越高，土地之所以对棉花单产有显著正影响，主要是因为规模效应。此外，土地越多说明农户耕种技术越高，因而棉花产量越高。模型中还需要关注，灌溉出口到农户耕地距离，该系数为负，说明距离越远，棉花产量越低，这个容易得到解释，农户距离取水口越远，越不容易及时得到充足灌溉供水，为了公平，协会需要在调节上下游配水之间做更多的工作。

本项研究结论表明及时灌溉对农作物增产有积极的作用，和其他很多研究结论相似（Clemmens，A. J.，1990；Bos，M. G.，1994；Makadho，J. M. 1993；Meinzen-Dick，1994，1995；刘等，2008）①。上述计量模型验证实际调查中农民提到协会成立后，灌溉系统在灌溉频率、申请水和灌溉之间的时间间隔以及灌溉及时度方面有显著改善。在灌溉得到保障情况下，农户愿意投入更多化肥来提高棉花单产，因此，棉花的增产一方面是因更加及时的灌溉水保障；另一方面因为化肥投入增加也会增加棉花单产。可以推论，协会是调查地区棉花产量增加的重要原因。同时我们还注意到，和上游农户相比，下游农户的棉花还有增产潜力，因为下游农户在灌溉水获得方面处于劣势，只要协会能够改善上下游灌溉配水效率，让下游农户更及时得到灌溉供水，下游农户的产量就能得到提高，即协会如果改进上下游配水规则，既可以改善灌溉效率，又能促进协会农户更公平的用水。

---

① Clemmens，A. J. and Bos，M. G. Statistical methods for irrigation system water delivery performance evaluation. Irrigation and Drainage Systems，1990：4，345 – 365.

Makadho，J. M. 1993. Water delivery performance. Paper presented at UZ/IFPRI/Agritex Workshop on Irrigation Performance in Zimbabwe，Juliasdale，Zimbabwe，August 4 – 6，1993（proceedings forthcoming）.

Meinzen-Dick，R. Adequacy and timeliness of irrigation supplies under conjunctive use in the Sone irrigation system，Bihar. In：Svendsen，M. &Gulati，A.（eds）. Strategic Change in Indian Irrigation. Washington，DC：International Food Policy Research Institute，1994.

Meinzen-Dick，R. Timeliness of Irrigation：Performance indicators and Impact on production in the Sone Irrigation System，Bihar. Irrigation and Drainage System，1995，9：371 –385.

刘静，Ruth Meinzen-Dick，钱克明，等. 用水者协会对农户生产的影响，经济学（季刊），2008，第7卷第2期，466 –480.

上述研究内容主要运用新疆农户调查数据，针对协会农户和对照村农户在收入、农业投入、农作物单产、灌溉效率等方面进行研究，下面我们将重点关注协会建立对贫困的影响。

六　贫困影响

用水者协会同农村扶贫关系的研究，是一个亟待回答的关键问题，对这一问题的回答关系到 PPRWRP 项目预期目标是否实现[①]。本部分内容将依据项目区农户调查数据，分析协会同农村贫困的关系。

研究贫困首先要有贫困衡量标准，经过询问专家和课题组讨论，一致认为贫困线的确定是为了比较成立协会前后对农户收入变化的影响趋势，如果协会成立之后，贫困农户的收入增长水平高于其他农户水平，则说明协会成立有助于贫困农户收入增加，协会的减贫效果明显，反之，协会的减贫效果不明显。因此这里的贫困标准是一个相对量，能够明确表示出不同收入农户的收入变化特征，在此不需要给出三个地区统一的绝对贫困量标准。由于调查地区每个县都有各自的贫困线标准，可以用这个贫困线标准衡量不同调查地区贫困农户的数量变化，就可以判定协会成立是否有助于减贫。有了判定贫困的标准，就来看调查农户的贫困变化情况。

（一）贫困变化

调查地区成立协会的时间是 2004 年，可以将 2004 年作为基线年度，比较 2006 年和 2007 年度农户贫困数量发展变化趋势。表 4 - 12 列出了2004 年度、2006 年度和 2007 年度，按照当地贫困标准衡量的贫困农户数量。从绝对数量看，2004 年到 2007 年，贫困农户由 25 个降到 14 个，减

---

① 王金霞等利用黄河流域农户调查数据，在水资源管理改革和减少农户贫困关系方面进行了一些经验研究（王金霞，Rozelle，2001，2003），研究结果表明灌溉对农村扶贫发挥了积极重要作用，将来还会在消除贫困过程中扮演积极重要作用

少 11 个，按国定贫困线衡量，贫困农户由 10 个降为 3 个，减少 7 个；从相对量看，贫困农户所占比例由 2004 年的 8.6% 降为 2007 年的 4.9%，约降低了 3.6%；分地区看，新疆阿克苏温宿的减贫效果最明显，调查中贫困农户比例由 2004 年的 13.1% 下降为 8.2%，下降约 5%。

如前所述，调查地区除温宿外，其他地区农户的收入水平均高于全国平均水平，在全国属于中上水平。以 2007 年为例，按照国家贫困线标准，调查 303 个农户中只有 3 户属于国家绝对贫困户，占调查农户总数的 1% 左右，同期中国农村绝对贫困人口占农村居民总人口的 1.6%[1]（刘福合，2008），说明 2007 年调查协会农户贫困比例好于国家平均水平。无论是按照国家级还是省级绝对贫困来衡量，协会成立后调查农户的贫困绝对数量和相对数量都有所下降。探讨协会对减贫的影响，可以从两个方面来考虑，第一个大的方面是协会对贫困人口的特殊照顾；第二方面是协会成立后如果贫困农户收入有所提高，则项目缓解贫困效果明显。在后面章节我们会更详细分析项目对农户收入的影响，本节着重探讨项目在针对贫困人口方面的制度安排。

表 4 – 12　农户贫困数量变化

绝对贫困线标准	新疆昌吉市	新疆阿克苏温宿县	湖北省当阳市	河北省唐山县	国家贫困线
农民人均纯收入 2004 年	1 123 元以下	1 067 元以下	870 元以下	1 000 元以下	785 元以下
贫困户个数（户）	5[2]	8	6	6	10
所占比例（%）	7.5	13.1	6.3	7.4	3.3[3]
2006 年					
贫困户个数（户）	3	6	4	4	6
所占比例（%）	4.5	9.8	4.2	4.9	2

---

[1]　见中国人口信息网：http://www.cpirc.org.cn/news/rkxw_gn_detail.asp?id=10131

[2]　这里所占比例是指贫困户农户在当地调查农户的比例，比如昌吉共调查 66 份农户，其中 5 户属于当地贫困户，则比例为（5÷66）×100 = 7.5，2006 年和 2007 年以及阿克苏、当阳、唐山都如此计算

[3]　这里所占比例是调查农户中国家贫困户占全部调查农户的比例，10 户是国家贫困户，全部样本数为 303，（10÷303）×100 = 3.3，同理计算出 2006 年、2007 年的数值

（续表）

绝对贫困线标准	新疆昌吉市	新疆阿克苏温宿县	湖北省当阳市	河北省唐山县	国家贫困线
2007 年					
贫困户个数（户）	3	5	3	3	3
所占比例（%）	4.5	8.2	3.2	3.7	1

数据来源：国家贫困线、地方贫困线标准来自各地方统计公报；农户数据由计算得出

（二）扶贫的制度安排

调查的协会中，均有不同程度针对贫困人口特殊的照顾政策和补贴，归纳起来主要有：

（1）协会对水费计收实行"三公开"、"一监督"，即公开用水面积、公开水价、公开水费，接受用水户监督，保护群众的权益不受侵害，特别是保护贫、病、孤、困等弱势群体。协会通过以水养水，扶持贫困群体，实行水费减免，为贫困户提供劳务机会，加快了农民脱贫致富奔小康的步伐。

（2）项目区出台了协会在水费计收上针对贫、病、孤、困等弱势群体减免措施。如新疆温宿县佳木镇五个协会实施对贫困农民交水费可以减免缓交的优惠政策，青年农场五个协会对贫困农民交水费按耕地面积的85%计算收取水费的优惠政策，为贫困户提供劳务机会，加快了农民脱贫致富奔小康的步伐。

（3）协会因地制宜，采取了不同的措施，通过一事一议对弱势群体采取缓、减、免的政策。如新疆昌吉市三工镇新户村一位村民老阿婆长年生病根本不能干重活，两个孩子都还小在上中学，加上近年来种植结构没有及时调整，经济状况十分拮据，协会决定让她先浇水，以解燃眉之急，水费延后再交。调研中发现很多协会都注重了弱势群体的利益，提高了他们对协会管理的参与。

（4）减免水费，保障贫困农户和其他农户一样能够及时得到灌溉用水。例如，调查中湖北三干渠协会针对贫困农户收入低，无法足额及时上

缴水费的现状，免除贫困农户水费，由协会垫付；新疆昌吉三屯河协会针对贫困农户家庭收入低和劳动力少的实际情况，由协会统一支付贫困农户水费，同时还委派专人帮助贫困家庭放水①。

（5）公平用水、灌溉有序保证了弱势群体的利益。协会在运行中注重对贫困及缺少劳动力的家庭提高灌溉服务质量，公平分配用水，从而节约了这些家庭的用水成本。如湖南铁山灌区金西协会的李姓老人一家，两口人耕种 1 亩耕地，2007 年全年家庭毛收入只有 950 元，加入农民用水者协会前，他家申请放水到实现灌溉需要 2 天，而且还得用 2 天来看水。加入协会后，申请放水时间缩短到 1 天，看水只需要 1 天，而且这些劳动全是由协会代为完成的，老人认为自家确实受到了照顾，而且上缴的水费也比以前减少了，虽然对农民用水者协会的具体运作程序还不十分清楚，但是对协会给他带来的实惠还是十分满意的。

如前所述，农户收入由家庭特征、人力资本、社会资本、公共服务和制度政策变化决定，调查农户经历了灌溉用水制度的变化，本章前面内容已经证明这个制度变化带来了灌溉供水效率改善、农作物产量上升和农户收入增加的积极作用，更进一步我们还希望知道用水者协会针对贫困人口的上述五项制度安排，对贫困人口的收入有什么影响？同时，我们还希望知道协会对不同收入水平的农户收入会产生什么样的影响，即协会成立是更有助于富裕农户收入增加还是贫困农户收入增加？只要有足够样本量，上述收入决定模型可以回答这个问题。然而调查农户样本中，贫困农户数量太小，计量分析的结果不可信，替代的解决办法是将农户调查样本按照纯收入三等分分组，分别代表高、中、低 3 种不同收入水平的农户。事实上，在农户抽样中，农户就是按照高、中、低收入水平抽取，因此完全可以采取收入三等分的方法将农户分组，考察协会对不同收入组的影响。

---

① 这样的例子还有湖北枝江市石子岭水库中剅渠系农民用水者协会。四岗村四组农民王道贵一家 4 人，夫妇双方智商低，母亲年老体迈，儿子尚在读书，家庭生活十分困难，针对他家庭的实际情况，通过协会代表表决，协会没有向他收取一分钱的水费，而且帮助他把水引到田间

（三） 不同农户组收入差别分析

我们将收入排在前 101 位的农户定义为高收入组，收入在 102 到 202 之间为中等收入组，收入在 203 到 303 为低收入组，其中最低收入组是减贫研究中的重点关注组。比较不同收入组收入构成变化可以发现，大农业收入（包括农作物销售和养殖业收入）仍然是调查地区农户收入的主要来源，占农户收入 50% 以上，其中低收入组所占比例最高，达到 75% 以上，次之是中等收入组为 61% 左右，高收入组所占比例最小为 51% 左右，农业生产在调查地区农户家庭生活中依然占据主导地位，农业生产与灌溉息息相关，调查地区农户必然非常关心灌溉制度安排变化。

表 4 - 13 数据直观表明，不同收入组收入来源不同，比较而言低收入组来源单一，主要依赖农业生产和外出打工；高收入组收入来源相对分散，除了农业生产和外出打工收入，还有运输业和自营收入；中等收入组的主要来源也是农业生产和打工，还有少部分运输和自营业务收入。同其他收入组相比较，低收入组农户更依赖农业生产，同农业生产相关的灌溉制度安排改变，将会对低收入组造成的影响最大。因为如果灌溉制度的安排不利于农业生产，高、中收入组可以采取收入多元化策略，减轻外部不利冲击对农户家庭造成的影响，低收入农户收入来源单一，无法采用收入多元化策略，消减外部不利影响，农户生计安全遭受威胁，反之，如果灌溉制度安排有利于农户生产并且向贫困人口倾斜，这项制度给贫困农户带来的收益也最大。

本部分前面内容详细分析论证成立协会这项制度对农业生产非常有利（提高灌溉供水质量，提高农作物产量和农户收入），而且协会又有很多针对贫困农户的补贴和照顾，根据上面分析逻辑，协会成立必然会给贫困农户带来更大好处。下面部分将通过农户调查数据，对上述结论进行实证分析。

表4-13 收入三等分组收入构成变化 （%）

	农作物销售	养殖业	运输业①	自营②	外出打工	财政补贴	合计
2004年							
高收入	38	12.5	15.5	10	24		100
中等收入	45	15	5	2	35		100
低收入	52	28			20		100
2006年							
高收入	36.5	16	15	10	22	0.5	100
中等收入	46	16	5	2	31.5	1.5	102
低收入	54	25			18	3	100
2007年							
高收入	36	15	15	10	23.5	0.5	100
中等收入	46	15	4.5	2	31	1.5	100
低收入	55	22			20	3	100

数据来源：调查303户协会农户

（四）扶贫实证分析

依然采用上述收入决定模型，

$$\ln Y = \alpha_0 + \sum_j \beta_j \ln X + \omega \mathrm{LnWUA} + \varepsilon_{it}$$

模型被解释变量是农户收入的对数，解释变量包括家庭特征、人力资本、社会资本、公共服务和制度政策，变量含义同表4-3相同。在此需要关注的是，本模型中协会农户变量是指协会成立以后，即2006年和2007年协会农户变量为1，2004年协会农户变量为0，这个指标表明我们最关注协会成立前后对不同收入组农户收入的影响。

分别将低收入组、中等收入组和高收入组农户以及全部调查农户数据引入模型，采用随机效应和固定效应模型进行回归，Hausman检验拒绝随机效应接受固定效应，表4-14汇报了模型模拟结果，其中，模型1、模

① 调查农户家庭购买汽车从事长短途运输
② 调查农户家庭做小买卖比如开商店、饭馆、理发店等

型2、模型3和模型4分别代表低收入组、中等收入组、高收入组和全部协会农户4个不同分组。

表4-14 不同收入组收入回归结果

变 量	固定效果模型			
	模型1	模型2	模型3	模型4
家庭规模	-0.42^{**} (-6.52)	-0.37^{**} (-6.52)	-0.28^{**} (-4.56)	-0.35^{**} (-4.52)
民族	0.007 (0.73)	0.006 (0.85)	0.004 (0.62)	0.005 (0.89)
婚姻状况	0.053 (0.28)	0.049 (0.35)	0.043 (0.49)	0.041 (0.51)
户主性别	-0.082 (-0.31)	-0.073 (-0.45)	-0.046 (-0.57)	-0.065 (-0.59)
年龄	-0.01^{*} (-2.13)	-0.009^{*} (-2.35)	-0.007^{*} (-2.48)	-0.006 (-1.67)
教育程度	0.042^{*} (1.99)	0.056^{*} (2.15)	0.063^{*} (2.52)	0.049^{*} (2.01)
培训情况	0.127^{*} (2.12)	0.189^{*} (2.21)	0.201^{*} (2.03)	0.187^{*} (2.21)
大病	-0.073^{**} (-3.65)	-0.065 (-1.36)	-0.038 (-0.89)	-0.052 (-1.54)
社会资本	0.087 (0.98)	0.129 (0.91)	0.254^{*} (1.98)	0.219 (1.01)
党员	0.012 (1.36)	0.219^{*} (2.41)	0.413^{*} (2.26)	0.316^{*} (2.07)
是否通水	0.092 (1.15)	0.132 (1.05)	0.125 (0.96)	0.181 (1.23)
人均耕地	0.127^{**} (3.67)	0.158^{**} (4.29)	0.201^{**} (5.39)	0.173^{**} (3.79)
协会农户	0.327^{**} (3.56)	0.239^{**} (3.12)	0.246^{**} (3.78)	0.267^{**} (2.91)
观察值	303	303	303	909
调整后 R^2	0.276	0.267	0.271	0.432

注：样本分别在3个省4个县，因此有3省级变量4个县虚拟变量。模型1是低收入组包含了303个"观察值"，是101个低收入组农户，3个不同年份（2004年、2006年、2007年），模型2中等收入组和模型3高收入组含义相同，模型4是全部协会农户，包含了909个"观察值"，是303个所有农户，3个不同年份（2004年、2006年、2007年）。括号值为z检验，* 在5%的水平上显著，** 在1%的水平上显著，虽然随机效应和固定效应系数和符号上几乎完全一致，Hausman检验后拒绝了随机效应模型，接受固定效应

我们发现4个模型中协会农户符号为正且统计显著，表明协会成立后对农户收入显著正影响，比较而言模型1系数值最大，表明协会成立对低收入组收入促进最大，说明协会成立的确对农村扶贫发挥积极作用。农户家庭规模对农户收入也有明显影响，人口越多，家庭收入越低，特别是低收入组家庭，这个与实际观察一致，目前农村家庭中孩子越多，需要教育

投资越多，家庭人均资产越少，越容易陷入贫困。户主年龄系数为负且统计显著，表明户主年龄越大，家庭收入越低。值得注意的是，家庭大病支出对低收入组影响显著，这和实际观察一致，农村贫困人口主要集中在老年人和有病人的家庭；户主教育程度和培训情况对农户收入有显著正影响，户主教育程度越高，接受培训越多，收入越高；社会资本即是否有亲戚朋友在政府做事对高收入家庭有显著正影响，高收入家庭拥有社会资本较多，促进了这些家庭收入增加；除低收入家庭统计不显著外，是否是党员对其他收入组和全部农户都有显著正影响；人均耕地拥有量对所有家庭都有显著影响，拥有耕地越多，家庭收入越高。

本部分利用 3 个省协会农户调查数据，验证了协会成立前后，农户收入变化。结果表明，成立协会对农户收入有显著促进作用，将农户按照收入三等分之后，发现成立协会对低收入组的农户收入促进作用最大，表明协会的成立以及针对贫困农户特殊的制度安排对农户减贫发挥积极重要作用，项目实现了为贫困人口服务、提高农户生计安全保障的目标。

七　结论和讨论

根据我们的调查，在用水者协会建立以后，经常性的供水不足和灌溉滞后不再出现，灌溉水供给得到更好的保障，渠道质量比之前得到了改进，在村一级的水平上，用水者协会管理人员的效率比以前集体管理水资源时期的效率高出很多，村里不同的团体之间的用水矛盾也显著减少。同时农作物产量、农业投入以及农户收入都有明显提高。

本研究利用农户调查数据，实证检验了上述观察到的用水者协会对农户收入、农作物销售收入、畜产品销售收入、现金支出、农业用水水费和农作物单产的影响，结果证明协会可以促进农户收入增加、农作物单产提高，即协会成立能够改善灌溉用水效率。特别值得关注的是，本研究分别运用协会农户和对照村农户数据，以及协会不同收入组数据证明和对照村相比，协会可以增加农户收入从而有助于农户减贫；从协会成立先后看，协会成立后对低收入的贫困农户收入促进更大，说明项目设计通过高质量的协会达到减贫的目标已经实现，即协会能够促进公平，改善贫困人口状况。

用水者协会提供了一种既提高效率又兼顾公平的发展模式，经济社会效益显著。协会成立能够改善灌溉用水效率，改进灌溉质量，促使农作产量明显提高，有效增加了农户收入，特别是对低收入的贫困农户，实现了为贫困人口服务，提高农户生计安全保障的减贫目标。

此外，还用农户调查数据，分析协会在灌溉水供给、灌溉基础设施管理、运营和维护方面的绩效，研究结果表明用水者协会可以提高农民对渠道维护和运行的投入，在动员农民参与灌溉管理过程方面具有一定优势。在管理灌溉用水方面，用水者协会可以提高管理决策的有效性；在渠道维护层面上，由于农户积极主动参与，水基础设施的投入水平就比较高，渠道维护相应较好。

第五部分

中国中部用水者协会
对农户生产的影响

刘 静

用水者协会概述

　　在过去几十年中，中国政府和农民已在灌溉工程方面进行了巨大的投资，以 2000 年为例，中国政府投资于水利工程资金约为 350 亿元人民币，是农业科研投资 34 亿元的 10 倍以上。灌溉工程的建成完工，需要成立相应行政机构来保证灌溉系统正常运转和维护灌溉系统质量，灌溉系统不断扩大导致行政机构所需要的资源大幅上升，在预算约束情况下，很多灌溉系统的硬件基础设施维护运营资金的可持续性已经受到了威胁，实际运行中大部分灌溉系统的效率，灌溉成本回收、保障灌溉公平和责任的实际效果很差（Vermillion 1994；Chen 1994；Lohmar 2001；Jiang 2003）。[①] 不断恶化的灌溉系统的表现主要有灌溉基础设施老化失修，灌溉渠道质量差，渠道设置不合理和缺乏最基本的渠系运行和维护（O&M）资金，2003 年全国 220 个大型灌区[②]实际调查数据显示，这些灌区的渠道老化，很多渠系无法正常供水，不能有效地发挥它们在农业生产中的作用（Jiang，

①　Vermillion，D. L.，X. Wang，X. Zhang，and X. Mao.，"Institution reform in two irrigation districts in North China：A case study from Hebei province"，Paper presented at the International Conference on Irrigation Management Transfer，Wuhan，China，September 20 – 24，1994.

　　X. Chen，and R. Ji，"Overview of Irrigation Management Transfer in China"，Paper Presented at the International Conference on Irrigation Management Transfer，Wuhan，P. R. China，September 20 – 24，1994.

　　Lohmar，B.，J. Wang，J. Huang，S. Rozelle and D. Dawe，"Investment，Conflicts and Incentives：The Role of Institutions and Policiesin China's Agricultural Water Management on the North China Plain"，Working Paper 01 – E7，Center of Chinese Agricultural Policy，Beijing，China.

　　Jiang，W. Sustainable Water Management in China，2003. This article can access at http：// www. chinawater. com. cn/jbft/jwl/2/20031029/200310290104. asp.

②　在中国，占地面积为 20 000hm² 以上是大规模灌溉区，占地面积 667hm² 到 20 000hm² 的是中型规模灌溉区，占地面积 667hm² 以下的是小规模灌溉区。大规模灌溉区的总数为 402 个（水资源管理司，2002）

2003）①。

在中国，和民间以及私人企业相比，政府在大规模基础设施建设和维护运营方面具有规模经济的优势，是建立和维护这些基础设施的中心。中央和地方政府最初将灌溉投资作为福利，长期将灌溉收费维持在运营成本之下。随着在其他公共基础设施包括教育、道路和生活用水等方面投资的不断加大（Fan 等，1999）②，政府财政无法继续承担灌溉系统长期低于成本的运营和不断增加的运行和维护（O&M）成本。随着 1978 年在中国实行的家庭联产承包责任制（HRS），农民的注意力转向小规模家庭生产，将家庭大部分资源投资于承包小规模土地，农户缺乏对灌溉基础设施投资的动力，对公共基础设施建设和维护的关注降低。使政府机构组织和动员农民去建设维护公共灌溉基础设施难度加大，从而导致公共灌溉设施的恶化，流域上下游沟通协调不畅，灌溉水供应不足和灌溉水使用率低下。

灌溉管理不善产生的根本原因在于灌溉系统是由政府或政府机构管理的，而政府或政府机构对当地灌溉系统情况掌握的信息有限（Reidinger，2000）③。同林业等其他公共资源管理一样，灌溉系统管理经验表明政府机构通常不能有效管理基层组织公共资源。从 20 世纪 70 年代开始，数量不断增加的资源使用者自主参与管理资源案例研究表明，政府管理并不总是唯一的或者甚至是最好共有资源管理模式（Tyler，1994）④。水资源管理体制改革实质是重新分配不同利益集团（公共的、民间的和私人机构）之间在水资源管理和开发方面的权利和作用。有效地改进灌溉管理和增加水生产率的方法是增加农民和其他用水者对水资源管理和运行的职责，通过

---

① Jiang，W. 2003. Sustainable Water Management in China. This article can access at http：// www. chinawater. com. cn/jbft/jwl/2/20031029/200310290104. asp

② Fan，S. and P. Hazell. ，"Are Returns to Public Investment Lower in Less-favored Rural Area? An Empirical Analysis of India"，1999，EPTD Discussion paper No. 43，International Food Policy Research Institute，Washington，D. C.

③ Reidinger，R. and Juergen，V. ，"Critical Institutional Challenges for Water Resources Management". World Bank Resident Mission in China，2000.

④ Tyler，S. R. ，"The State，Local Government，and Resource Management in Southeast Asia：Recent Trends in the Philippines，Vietnam，and Thailand"，Journal of Business Administration，22&23：61 – 68，1994

农户或用水户的参与，重新有效地分配各种利益集团的责任权利。理论上讲，灌溉管理转权的一个重要假设是地方用户能比中央资助的政府机构更有动力，使灌溉水资源管理更有效率和可持续性。国际上通用的用水户参与式灌溉管理（Participation in Irrigation Management）是指，"用水农户被赋予权利，有权直接参与灌溉管理并为其结果负责"（Reidinger，2000）①。参与式管理的主要内容是，按灌溉渠系的水文边界划分区域，统一渠道控制区内的用水户共同参与组成有法人地位的社团组织——用水者协会。通过政府授权将工程设施的维护与管理职能部分或者全部交给用水者协会，协会通过民主的方式进行管理。工程的运行费由用水户自己负担，用水户成为工程的主人，尽可能减少政府的行政干预。政府所属的灌溉专管机构对用水者协会给予技术、设备等方面的指导和帮助。

在 20 世纪 70 年代，很多国家诸如墨西哥、菲律宾、印度尼西亚、巴基斯坦、塞内加尔、哥伦比亚和马达加斯加都进行了灌溉管理转权改革。这项改革是将灌溉管理职责从政府部门移交给新成立的用水者协会（Vermillion，1997a）②。通过成立用水者协会，让农民直接参与灌溉系统管理，作为地方政府管理灌溉系统的一个互补或者替代物。日益增加农民在灌溉方面的参与是世界范围内自然资源管理分权的一部分（Carney and Farrington，1998）③。之所以进行灌溉管理转权改革的原因非常复杂，以较低成本改进灌溉绩效是一个重要原因，而财政危机才是大多数国家进行大规模灌溉管理转权项目背后的主要推动力。墨西哥在 20 世纪 80 年代末，灌溉总面积为 6 100 万 hm²，其中大约有 1 500 万 hm² 灌溉面积无法灌溉，原因是灌溉系统运行和维持（O&M）的资金不足（Gorriz et al.，1995）④。

---

① Reidinger，R. and Juergen，V. "Critical Institutional Challenges for Water Resources Management". World Bank Resident Mission in China，2000.

② Vermillion D. L.，"Impacts of irrigation management transfer：A review of the evidence"，*IIMI Research Report No.* 11. Colombo，Sri Lanka：International Irrigation Management Institute，1997.

③ Carney，D.，and J. Farrington，"Natural Resource Management and Institutional Change"，London：Routledge，1998.

④ Gorriz，C.，A. Subramanian，and J. Simas.，"Irrigation Management Transfer in Mexico：Process and Progress"，World Band Technical Paper No. 292. Washington DC，1995.

为了解决上述困境，政府命令国家水委将管理职责移交给由农民组成的用水者协会，农民也愿意自主管理灌溉系统，因为他们比政府了解当地情况和自身灌溉要求，可以比政府做得更好。

墨西哥、哥伦比亚和土耳其等国家灌溉管理转权（IMT）经验表明，灌溉管理转权（IMT）在一个很大范围内是成功的。这些成功的改革都有一个显著特点，用水者的农场平均面积很大，绝大部分农场都是大型农业企业，灌溉系统运营维护是以这个动态、高效、创造财富的农业企业为中心（IWMI，1995，1997 and 1999）[1]。但是，中国农户比较分散并且规模比较小，这对灌溉管理转权（IMT）提出了一个与墨西哥、哥伦比亚和土耳其的成功例子不同的有趣的研究课题。中国学者在水资源管理改革与减少农村贫困之间关系方面有一些经验性研究（王金霞，2005）[2]。王金霞等研究结果表明在黄河流域，用水者协会（WUAs）和承包合同已经开始取代传统灌溉水资源集体管理体制，用水者协会管理在微观上不能带来农民节水激励，而通过给水资源承包者以货币激励可以带来水的节约（Wang，2003b）[3]。和其他类似研究结论一致，王的研究表明灌溉对农村扶贫发挥了积极重要作用，将来还会在消除贫困过程中扮演积极重要作用。但是，到目前为止，对政府和农民期待的灌溉管理转权改革的实践效果在多大程度上实现了其本来的预期目标，成效与影响的实证研究成果基本上没有。这是一个亟待回答的关键问题，将会为我国灌溉管理转权改革提供有意义的思路。本文提出的一个中心研究问题是，在中国，用水者协会

---

[1] International Water Management Institute（IWMI），Food and Agriculture Organization of the United Nations（FAO）. Irrigation Management Transfer. FAO，United Nations，Rome，1995.
International Water Management Institute（IWMI），"Impacts of Irrigation Management Transfer：A Review of the Evidence"，1997，Research Report No. 11.
International Water Management Institute（IWMI），Deutsche Gesellschaft Fur TechnischeZusammenarbeit（GTZ）Gmbh and Food and Agriculture Organization of the United Nations（FAO）. Transfer of Irrigation Management Services-Guidelines，Rome，1999.

[2] 王金霞，黄季焜，Scott Rozelle，水资源管理制度改革农业、生产与反贫困，经济学季刊，2005，第 5 卷第 1 期 Vol. 5，No. 1，189－202.

[3] Wang，J. "Irrigation，Agricultural Performance and Poverty Reduction in China"，Working Paper 03-E13，Center of Chinese Agricultural Policy，Beijing，China，2003.

（WUAs）制度在灌区管理中的实施是否改进了灌溉的绩效？一个更好的绩效体现在更好的运行和维护（O&M）、更及时的灌溉水保障。用水者协会是否对灌溉后的农业生产率有一个正的效应？为了增加农民们的参与，从而改进灌溉系统的绩效，用水者协会应该怎样被合适地设计和实施。第二部分是一个对用水者协会的描述。第三部分展示调查地区的基本情况。第四部分描述了用水者协会建立以后，农业生产率和沟渠运行和管理（O&M）的改进。第五部分和第六部分提出了模型、经验估计和一个对研究发现的讨论。

 ## 中国用水者协会的沿革

  中国大型的和中等的灌溉系统在传统意义上（灌溉改革前）是完全被政府管理的，没有任何使用者参与管理。政府一直试图进行政策调整，进行灌溉管理转权，引入农民参与式管理。1995年中国政府开始在湖南铁山灌区和湖北漳河灌区进行大型灌区灌溉管理体制的改革试点，引入农民用水者协会。国际上通行做法是政府负责维护支渠以上灌溉系统维护，农民组织负责支渠以下系统维护（Vermillion 等，1996）①。在我们调查的湖北省漳河灌区和东风灌区，就采取了上述形式，政府把支渠以下的灌溉管理权转交给组建的农民用水者协会，让协会负责分流支流、水道河道以及出水口等的保养维护和水费上缴。政府希望通过这一转权政策来减轻基层灌溉部门的负担，并且通过动员地方资源来维持和提高灌溉农业的生产力。

  从20世纪90年代中期开始，在世界银行的资金帮助下，我国灌溉管理方式已经开始向参与式灌溉管理（PIM）转变。开始这项工作最早的项目是华中地区湖北省和湖南省的长江水资源贷款项目，目的是改建湖北的四个大

---

① Vermillion, D. L.（eds.），"The privatization and self-management of irrigation". Final Report. Colombo International Irrigation Management Institute, 1996.

型灌区，新建湖南的两个大型灌溉系统项目。1995 年我国在湖北省漳河灌溉区第一个正式的用水者协会红庙支渠用水者协会成立。用水者协会根据水文学的边界被建立，政府完全地或者部分地把支渠毛渠以及出水口的运行和维护（O&M）的职责转移，同时提供技术和资金的帮助。用水者协会的原则是自我管理，自我运行，独立核算，自负盈亏和自我发展。

中国用水者协会试点经验证明，为了在地方层面和社区层面上更好地组织和管理水资源，通过向包括水代理和农民的利益享有者提供激励，在有效水管理促进和发展上是有效的。中国政府发现，权力下放，通过动员地方资源在降低它对灌溉部门的财政负担和让农民维持并且改进灌溉后提高农业生产率方面是有效的。在 2000 年 7 月，中国政府开始了一个全国范围内的活动，让所有 402 个大规模灌溉区都实施以用水者协会（WUAs）为主的灌溉管理转权（IMT）。用水者协会在大规模灌溉区已经快速地发展起来，到 2003 年末，20 多个省已经有超过 3 500 个用水者协会（Zhang 等，2004）[1]。随着用水者协会数量的增加，研究这些协会的经验和绩效是非常重要的。表 5－1 展示了中国在不同的时间各个灌溉区建立用水者协会的主要原因。建立用水者协会的主要原因是改进水资源管理绩效，降低政府资金负担以及节约水。

表 5－1　建立用水者协会的原因

灌溉区	时间	主要原因
湖南省岳阳市天山灌溉区	1994	1. 世界银行项目 2. 水资源管理无效 3. 地方政府将水费用于非灌溉工作的其他目的 4. 灌溉管理系统恶化 5. 为争水而发生矛盾和冲突

---

① Zhang, L. , D. Hu, and J. Liu, "Sustaining Water Users Association: Problems and Policies", Research report submitted to the public policy program of Ford Foundation, 2004.

（续表）

灌溉区	时间	主要原因
河南省南阳市雅河口灌溉区	1998	1. 无效的灌溉水管理和制度安排 2. 政府财政危机 3. 灌溉防水无人管，水量浪费严重，灌溉效率低
河南省人民胜利渠灌溉区	1998	1. 基层政府截留水费 2. 过多的补贴导致的政府负担增加 3. 向农民收取水费困难

数据来源：课题组调查〔2002〕

 三 调查区域基本情况

2002 年 9 月，课题组赴湖北省漳河灌区和东风灌区分别进行农户和用水者协会主席的面接式调查，共收集到 10 个协会和 208 个农户数据。之所以选择漳河和东风灌区，是因为这两个灌区灌溉面积较大，具有一定代表性，并且在这些灌区用水者协会成立较早。调查采用随机抽样原则，先抽取用水者协会，在抽出用水者协会后，又在协会内部随机抽取农户。

农户调查问卷设计内容较多，包括社会经济，农业系统、市场营销、用水者协会活动以及灌溉系统要素和其他生产要素。需要指出的是，为得到详细的农业支出和水费，我们调查了总的种子、化肥、农药和水的使用成本。对于用水者协会的调查问卷主要关注用水者协会的总体信息，如经营和管理结构、农民参与程度以及在灌溉区基础设施维护和投资的水平等。根据研究目的和获取数据的可行性以及可靠性，我们的调查问卷设计了 4 个时间阶段，分别是：用水者协会建立的前一年①、1995 年、2000 年和 2001 年。

让农民在 2002 年回答 1995 年生产支出情况，可能会存在回忆偏差。

① 大多数用水者协会已经在 1999 年成立起来了。最早的一个，红庙协会在 1995 年成立，最晚的一个是兴隆协会成立于 2001 年

但是，因为被问及的问题与农业生产的重要方面相关而且从 1995 年到 2002 年农户的土地和种植结构没有发生大的变化，所以对于 1995 年的回忆可能是可信的。通过设计一些重复性问题，对农民提供的回答进行了检查。检查的结果是农民回答这些问题的答案基本一致，因此调查结果是可信的。

表 5 - 2 展示了调查地区的统计数据，包括水的使用、参与率和家庭数量。在我们调查的区域有旱地和水田两种。旱地不需要人工灌溉，主要种植小麦、玉米和块茎类农作物，水田主要种植稻谷。表 5 - 2 表明在我们调查的区域，灌溉完全来源于地表水而没有任何的地下水。在 2001 年，调查地区的灌溉总面积为 16 567 hm²，被调查地区的农户总数 29 114 户，其中漳河灌区 4 584 户，东风灌区 24 530 户，两个灌溉区总的灌溉水总使用量为 5 127 万 m³（MCM），即每公顷的用水量是 3 100 m³。在我们考察的地区没有地下水，平均降水率是 66%，表明旱地农业可以完全依赖降雨。

表 5 - 2　调查地区的总体情况

灌区	用水者协会数量	总灌溉面积（hm²）	家庭数量	水使用总量（m³）	降水率（%）	地下水使用率（%）
漳河	6	3 447	4 584	15.8	58	0
东风	4	13 120	24 530	35.47	74	0
总数	10	16 567	29 114	51.27	66	0

来源：项目组调查［2002］

表 5 - 3 展示了漳河灌溉区和东风灌溉区所在的荆门市和当阳市的农业总体生产情况。两市两季农作物总收获面积是 32 605 hm²，其中荆门市 7 048 hm²，当阳市 25 557 hm²。大米是该地区主要农作物，大约占总播种面积的 44%，小麦次之占 8%，其他农作物所占的比例都相对较小。粮食作物在调查地区农业生产中占主导地位，为总收获面积的 58% 以上。

表 5 – 3   调查地区的农作物

农作物	单位	荆门	当阳	总量
大米	hm²	3 049	11 270	14 319
	%	43.3	44.1	43.9
小麦	hm²	298	2 430	2 728
	%	4.2	9.5	8.4
玉米	hm²	241	1 039	1 280
	%	3.4	4.1	3.9
块茎类农作物	hm²	497	547	1 044
	%	7.1	2.1	3.2
经济作物	hm²	128	1 145	1 273
	%	1.8	4.5	3.9
其他作物	hm²	2 835	9 126	11 961
	%	40.2	35.7	36.7
总量	hm²	7 048	25 557	32 605

来源：课题组调查〔2002〕

调查地区水资源管理比较复杂，基于调查数据，我们对灌溉水运送质量、用水者协会建立后社区对灌溉系统基础设施的投入水平以及农户家庭的基本特征等方面进行概括，表 5 – 4 展示了该地区水资源管理情况的总体观察。

表 5 – 4   调查地区的描述性统计

变　量	均值	标准差	最小值	最大值
户主年龄（年）	42.45	9.45	24	72
户主教育（年）	7.98	2.65	0	17
灌溉频率（次数）	3.38	1.59	0	9
申请灌溉所需时间（天）	4.19	3.56	0	24
需要和得到水的时间差（小时）	12.41	21.56	0	144
灌溉水延误次数（次）	0.48	0.81	0	4
缺水导致的水稻减产（%）	5.49	11.36	0	75
出水口到农民主要耕地的距离（km）	1.64	2.59	0	20.2

（续表）

变　　量	均值	标准差	最小值	最大值
总的水成本（元）	223.47	129.32	33	750
每公顷的灌溉使用（m³）	35 689.38	19 872.78	0	133 650
看水所需时间（天）	4.20	11.43	0	240
水稻用水占总用水的份额（%）	71.16	20.94	60	100
降雨占水稻所需水的份额（%）	28.82	17.67	0	40
在渠道运行和维护上的义务劳动投入（每人每天）	3.70	3.02	0	45

来源：课题组调查［2002］。调查年份包括1995年，用水者协会建立的前一年，2000年以及2001年。除了年龄、教育和距离，所有变量的数值是这4个时间段的平均值

四　用水者协会成立后生产率改变与渠道运行和维护

　　在成立用水者协会后，被调查的地区主要农作物的产量有所增长。表5-5表明水稻、小麦、玉米和油菜籽产量的增加，从这个表中我们可以看出，小麦产量增加得最多，主要是农户采用新的小麦品种。水稻产量也有所提高，我们询问了农民他们是否采用了新的品种或者增加了化肥的投入。大约80%的农民告诉我们水稻品种和化肥的投入几乎和以往一样，水稻增产的主要原因是更加及时的灌溉水保障，因为调查农户表示成立用水者协会后灌溉系统在灌溉频率、申请水和灌溉之间的时间间隔以及灌溉及时度方面有显著改善，可以完全保证水稻用水，Meinzen-Dick（1995）[1]的研究表明及时灌溉对水稻生产有积极的作用。可以推论，用水者协会的建立是调查地区水稻产量增加的重要原因。

---

[1]　Meinzen-Dick，R. Timeliness of Irrigation：Performance indicators and Impact on production in the Sone Irrigation System，Bihar. Irrigation and Drainage System，1995，9：371-385.

表 5 - 5　协会成立前后几种主要作物的变化

（单位：km/hm²）

协　会	水稻		小麦		玉米		油菜籽	
	1995 年	2001 年	1995 年	2001 年	1995 年	2001 年	1995 年	2001 年
Sanzhiqu	9 473	10 155	4 515	5 400	—	—	5 550	5 205
Yangchang	8 295	9 083	3 480	6 585	—	—	3 225	3 975
Hongmiao	5 295	5 618	5 895	6 600	—	—	2 640	2 520
Lushang	9 068	9 773	5 055	7 155	6 488	6 825	3 540	3 825
Lugang	8 528	10 208	6 015	8 475	—	—	2 760	3 165
Xinglong	7 680	8 040	9 525	10 410	—	—	3 240	3 300
Songyanwan	10 200	10 688	7 935	10 170	6 750	6 840	5 880	5 430
Beizhiqu	8 790	9 293	9 480	7 440	6 578	7 673	4 185	4 245
Huanglin	7 883	7 538	9 480	11 475	7 658	8 520	3 195	3 015
Sanganqu	7 785	7 455	7 215	8 040	7 763	9 278	3 195	3 750
平　均	8 300	8 785	6 860	8 175	7 047	7 827	3 741	3 843

来源：项目组调查 ［2002］

　　为了进一步比较灌溉用水质量提高对农业生产率的影响，在表 5 - 6 中我们比较了 1995 年和 2001 年的水稻的生产条件。同 1995 年相比，在 2001 年灌溉频率增加了，总的灌溉等待时间降低了。在我们的调查问卷中，我们询问农民对由于灌溉不足而导致的水稻产出损失的估计，结果表明水稻产出损失从 1995 年的 10.6% 下降到 2001 年的 2.1%。此外，表 5 - 6 还有一个信息值得注意，成立协会后农户上缴的水费增加了，水费上升的原因是由于灌溉水价格的上涨和水稻灌溉频率的增加即灌溉水量加大，这和很多灌区宣称用水者协会成立可以节约用水和降低农户收费开支结果不同，具体数据见表 5 - 6。

表 5-6 灌溉水质量对水稻生产的影响

协 会	灌溉频率（次）		等待时间（小时）		水费（元）		缺水导致的水稻减产（%）	
	1995 年	2001 年	1995 年	2001 年	1995 年	2001 年	1995 年	2001 年
Sanzhiqu	3.6	3.9	5.9	4.5	257	254	10	0
Yangchang	2.5	3.5	19.5	15.2	315	557	12.4	3.3
Hongmiao	3.4	3.7	17.5	14.2	319	346	12.9	4.8
Lushang	3.4	3.6	13.4	11.6	240	248	8.7	3.7
Lugang	3.2	4.1	11.1	8	361	317	10.4	0
Xinglong	2.6	3.2	4.6	2.6	173	226	12.7	3.3
Songyanwan	6.5	6.9	12.5	6.5	161	106	10.8	1.4
Beizhiqu	2.1	2.8	11.5	10.2	140	107	7	1.6
Huanglin	5.2	5.5	25.4	14.2	260	240	11.2	1.7
Sanganqu	2.8	3.8	7.9	5.5	105	84	9.5	1.3
平 均	3.5	4.1	12.9	9.2	233	249	10.6	2.1

来源：现场调查项目组 [2002]

灌溉水质量提高的主要原因是被调查地区的灌溉系统的硬件质量比如渠道维护和水管理水平两方面都大大得到改善。灌溉系统的改善是世界银行的支持和农民参与用水者协会的结果。到 2001 年 9 月，被调查的 10 个用水者协会已经对支渠和毛渠水利设施进行更新改造，并且对 24 个支渠道和 174 个毛渠进行清淤，总长达 728km，调查中生产率最高的是东风灌区的黄林用水者协会，他们从 1998 年以来共改造完善 320km 的渠道。1995 年以来，10 个被调查的用水者协会已经兴修 20 个水渠，全长137.46km，详细情况可参考表 5-7。

表 5-7 建立用水者协会后渠道的运行和维护与渠道兴修

协 会	在分支水平上的运行和维护（渠道数量）	在次支水平上的运行和维护（渠道数量）	运行和维护的总长（km）	新开发的渠道（渠道数量）	新渠道长度（km）	渠道材料
Sanzhiqu	1	25	160	1	3	水泥
Yangchang	2	15	23	4	10.56	砂浆

（续表）

协　会	在分支水平上的运行和维护（渠道数量）	在次支水平上的运行和维护（渠道数量）	运行和维护的总长（km）	新开发的渠道（渠道数量）	新渠道长度（km）	渠道材料
Hongmiao	5	22	14	2	12	水泥
Hongmiao	1	2	35	2	65	水泥
Lugang	1	12	55	2	23	水泥
Xinglong	1	15	11	4	4	砂浆
Songyanwan	1	32	32	3	16.7	水泥砂浆
Beizhiqu	1	4	38	1	1.2	水泥
Huanglin	4	27	320	1	2	水泥
Sanganqu	7	20	40	0	0	—
总　数	24	174	728	20	137.46	—

来源：项目组调查［2002］

　　为了洞察用水者协会对水运送和农业生产率的效应，我们在下一部分将使用计量经济学模型来进行分析。

五　实证模型和结果

　　在计量经济分析中，作为比较，我们采用随机效应和固定效应模型，使用面板数据来检验用水者协会的建立是否对灌溉水供给有正效应。我们使用灌溉频率来说明水运送的质量。在我们的分析中，灌溉频率是应变量。渠道运行和维护的免费劳动投入，用于申请灌溉的时间，需要和得到水的时间差都被包括。而灌溉出口与农民主要耕地的距离和是否有用水者协会作为解释变量。我们控制了家庭的特征变量如年龄、教育和户主的性别。

　　为了控制时间、村和县固定效应，我们把村和县虚拟变量放进我们的回归中。随机效应估计之后，我们将采用 Hausman 检验。发现被固定效应估计量的系数和同样的系数的随机效应估计量几乎是相同的。这意味着我们的模型的设定是正确的，并且残差与解释变量并不相关。表 5 - 8 报告了在固定效应模型和随机效应模型中，用水者协会对灌溉频率的影响的估计。一般来说，随机效应和固定效应估计量的结果是相似的。

表 5 - 8　用水者协会对水运送的效应

变　量	固定效应	随机效应
家庭的年龄（年）	- 0.008（- 0.91）	- 0.009（- 0.96）
户主受教育的年限（年）	0.018（0.97）	0.019（0.89）
性别	- 0.141（- 0.64）	- 0.137（- 0.65）
渠道运行和维护的总免费劳动（每天每人）	0.048 **（2.30）	0.043 **（2.32）
申请灌溉的时间花费（天）	- 0.031 *（- 1.86）	- 0.033 *（- 1.89）
需要和得到水的时间差（小时）	0.006（1.47）	0.006（1.52）
灌溉出口和农民主要耕地的距离（km）	- 0.053 **（- 2.09）	- 0.053 **（- 2.09）
总水费	- 0.0006（- 0.99）	- 0.0006（- 0.98）
用水者协会	+ 0.013 **	+ 0.013 **
R^2	0.595①	0.026②

注意：样本覆盖了 32 个村，因此我们有 32 个村虚拟变量。我们的数据集包含了 777 个"观察值"，208 个家庭的平均数，4 个不同年份：1995 年，建立用水者协会的前一年，2000 年和 2001 年。固定效应里括号中的值是 t 检验，随机效应里括号中的值是 z 检验，** 和 *** 表示统计显著性水平分别在 5% 和 1%。虽然固定效应和随机效应模型在系数和符号上几乎是一样的，但是我们做 Hausman 检验后拒绝了随机效应和接受固定效应模型

表 5 - 8 结果表明：用水者协会对灌溉频率有正的效应，这意味着用水者协会可以改进灌溉质量。渠道运行和维护的免费劳动投入对灌溉频率有正效应，通过检验统计显著，这主要是因为用水者协会可以动员更多的资源投入到渠道运行、维护和灌溉水的监管中去，从而促使灌溉水运送质量的改进。灌溉出口到农民主要耕地的距离对灌溉频率有显著的负效应，

① 在固定效应（里）回归中，有三个 R - sq：within = 0.521 3，between = 0.762 0 and overall = 0.573 0

② 在随机效应广义最小二乘回归中，有三个 R - sq：within = 0.021 3，between = 0.568 8 and o-verall = 0.021 4

这很容易解释，更长的距离意味着更长的时间得到水。表5-8表明水运送的质量已经在用水者协会建立后得到改进，主要是由于更多资源投入到渠道运行、维护和灌溉及时性的提高。灌溉及时性的提高和我们统计描述的结果是一致的。

随着用水者协会的建立，灌溉用水保证度提高，促进了水稻生产率的提高。因此，我们将深入研究哪种用水者协会组织结构设计可以带来农作物生产率正的效应。

在生产率增加模型中，我们采用柯布-道格拉斯（Cobb-Douglas）形式的水稻生产函数：

$$\ln Yield = \alpha_0 + \sum_j \beta_j \ln X + w \ln WUAs + \varepsilon_{it}$$

$\ln Yield$ 是平均水稻产量的自然对数（kg/hm^2），X 代表水稻地区每公顷常规投入，包括劳动、种子、含氮物、磷、钾、农药和其他投入如灌溉。用水者协会是水管理变量，包括灌溉频率、需求和得到水的时间差，渠道运行和维护的总免费劳动。我们在解释变量中引入协会主席是否是村干部和用水者协会主席是否是民主选举的虚拟变量。在我们的调查问卷中只有一年的肥料、农药和种子投入，因此，我们使用横截面数据。事实上，如果有肥料投入的面板数据，我们可以得到更好的估计。虽然我们仅仅只有横截面数据，但是我们的估计仍然有一些有趣的发现。

表5-9报告了经过稳健性（Robust）检验的普通最小二乘法（OLS）估计。可以看出，用水者协会的民主选举和用水者协会是否是村干部对水稻生产有显著正效应。用水者协会主席的选举对水稻生产有正效应，这意味着用水者协会主席的有效的民主选举可以提高水稻产量，因为选举可以促进农民参与，这使得农民将在渠道的运行和维护上投入更多的时间和资金。

表5-9 用水者协会对大米生产率的效应

变　量	OLS 回归
Ln 灌溉频率（次）	0.0631*** （3.16）
Ln 劳动投入（天/hm²）	-0.512*** （-5.46）

（续表）

变　量	OLS 回归
Ln 灌溉出口和农民主要耕地的距离（km）	- 0.013 ** （- 2.01）
Ln 需要和得到水的时间差（小时）	- 0.036 （- 0.39）
Ln 对早稻含氮肥料的投入（kg/hm²）	0.091 ** （2.81）
Ln 对早稻含磷肥料的投入（kg/hm²）	- 0.035 （- 0.63）
Ln 对早稻含钾肥料的投入（kg/hm²）	0.013 （- 0.34）
Ln 对晚稻含氮肥料的投入（kg/hm²）	0.201 ** （2.49）
Ln 对晚稻含磷肥料的投入（kg/hm²）	0.062 （0.95）
Ln 对晚稻含钾肥料的投入（kg/hm²）	- 0.002 （- 0.04）
Ln 对早稻农药的投入（kg/hm²）	0.016 （0.53）
Ln 对晚稻农药的投入（kg/hm²）	- 0.041 （- 0.67）
Ln 种子投入（kg/hm²）	0.048 （1.12）
Ln 灌溉水使用（m³/hm²）	0.243 ** （1.98）
用水者协会选举的虚拟变量	0.311 ** （2.23）
用水者协会主席是否村领导的虚拟变量	- 0.298 ** （- 2.01）
R^2	0.563

注意：总观测值是 183 个，括号中的值是 t 检验，** 和 *** 表明统计显著性分别在 5% 和 1%。在我们做调查的地区，有两季稻，因此我们区别了肥料和农药在不同季节的投入。我们做了稳健性检验

　　但是，如果用水者协会的主席是村领导，那么用水者协会会对水稻生产带来负面的影响。因为在这个条件下，用水者协会是村委会的附属机构，用水者协会只不过是一个名义上的组织而已，它不能在灌溉管理方面起到实质作用。水稻生产的劳动力投入对水稻产量有显著的负面影响，可能是因为在我们调查的区域存在大量的剩余劳动力。有趣的是，除含氮化肥外，其他化肥、农药和种子对水稻的生产没有显著的影响。原因在于，农民只是报告了用在农作物上的化肥和农药的总数，所以我们没有用在水稻上的化肥和农药的准确数量，从而导致了估计的偏差。

第六部分

结论与建议

刘 静

水利是农业灌溉的命脉，农田水利是实现有效灌溉的保证，而适合的、有效的管理体制是实现水利设施可持续运营的保障。过去几十年，我国也已经在灌溉工程方面进行了巨额的投资，但由于管养不到位，导致灌溉系统不同程度上的破坏和恶化。因此在水资源日益短缺，各部门用水需求不断增加的情况下，作为用水大户的农业部门，亟待对灌溉管理体制做出有效的改革，实现高效灌溉、节水灌溉。

一 农业用水者协会的绩效

理论界认为灌溉管理转权（IMT）是分权改革的过程，通过农户或用水户的参与，重新有效地分配各种利益集团的责任权利。灌溉管理转权（IMT）的一个重要理论假设是地方用户能比中央资助的政府机构更有动力，使灌溉水资源管理更有效率和持续性。此外，通过在社区层面上提供激励，农民的参与可以促进水资源有效管理。普遍认为灌溉管理转权改革可以通过对水使用者提供适当的激励来促进中国水管理的效率和公平。

从 20 世纪 90 年代中期开始，在世界银行的资助下，我国灌溉管理方式已经开始向参与式灌溉管理转变。引入农民用水者协会这一参与式灌溉管理的方式，通过权力下放实现管理转权，将支渠以下的灌溉管理职责从政府部门移交给用水户，让用水者自己负责管理分流支流、水道河道以及出水口等的保养维护和水费上缴等事务。用水者协会建设作为灌溉管理体制改革的主要内容之一，在试点取得成效之后，以较快的速度在全国发展开来，2012 年初的统计数据表明全国已经建立用水者协会约 6.3 万个。

本研究利用农户调查数据，考查了用水者协会在灌溉水供给、灌溉基础设施管理、运营和维护方面的绩效，探讨用水者协会对农业生产率的影响。

首先，用水者协会可以提高农民对渠道维护和运行的投入。用水者协会在动员农民参与灌溉管理过程具有一定优势，在管理灌溉用水方面，用水者协会可以提高管理决策的有效性；在渠道维护层面上，由于农户积极主动参与，水基础设施的投入水平就比较高，渠道维护相应较好。

其次，用水者协会提高了水运送效率。在用水者协会建立以后，经常性的供水不足和灌溉滞后不再出现，灌溉水供给的得到更好的保障，渠道质量比之前得到了改进，在村一级的水平上，用水者协会管理人员的效率比以前集体管理水资源时期的效率高出很多。此外，村里不同的团体之间的用水矛盾也显著下降。总的来说，用水者协会这个模式确实正面的影响了水运送的效率。

二　农田水利设施建设存在的问题

虽然用水者协会建设在灌溉水管理改革方面成绩显著，但由于我国农田水利历史欠账太多，不论是在现有设施还是资金投入方面依然存在一系列问题，成为制约我国农业生产的瓶颈。

（一）农田水利设施是我国水利基础设施最薄弱的环节

1. 有效灌溉面积低，对我国农业生产造成很大影响

第二次全国农业普查公报数据表明，我国现有耕地 18.3 亿亩，其中只有 8.7 亿亩有灌溉条件，占耕地面积的 48%，有 52% 的耕地缺少灌溉条件，基本上是"望天收"。雨水少，有旱灾；雨水多，有涝灾。近几年，全球气候变化影响的加大，洪涝灾害频繁，增加了农业发展和国家粮食安全对农田水利建设的依赖。据统计，2009 年我国旱灾造成直接经济损失 1 097.6亿元，造成我国粮食损失约 3 485万 t，超过当年我国粮食年产量的 6%。

2. 现有农田水利设施年久失修，大部分无法正常运行

中国现有水库 8.7 万余座，绝大多数兴建于 20 世纪 50～70 年代，经过长期运行，其中有 3 万多座成为病险水库。目前已建成的农田水利设

施，普遍存在灌溉设施标准低、配套差、老化失修、功能退化、灌不进、排不出等问题。2003 年全国 220 个大型灌区实际调查数据显示，这些灌区的渠道老化，很多渠系无法正常供水，不能有效地发挥它们在农业生产中的作用；2005 年，黑龙江全省已建成农村小型水利工程 26 704 处，工程配套率只有 70% 左右，完好率只有 60% 左右，设计灌溉面积 653.3 万亩，实际灌溉面积 199.7 万亩，仅为设计能力的 30%；湖南省小水库（塘坝）的蓄水能力不足设计的 60%；山西省有 1.6 万处小微型工程因蓄水能力不足，致使 90 多万亩灌溉面积有名无实；湖北省有效灌溉面积以每年 20 万 ~ 30 万亩的速度递减。

3. 确保国家粮食安全必须尽快强化农田水利设施建设

农业是百业之基，对于一个拥有 13 亿多人口、且人均耕地严重不足的国家来说，农田水利事关食物安全和社会稳定。改革开放 30 年，农田水利基础设施建设为防灾减灾和主要农产品稳定供给奠定了良好基础。未来随着工业化和城镇化步伐的不断加快，我国农产品需求呈现刚性上升和结构升级的趋势，这对农田水利建设提出了新的要求。但进入 21 世纪以来，外出就业农民工越来越多，农村的青壮年劳动力大量外出，农田水利建设缺少劳动力，很多地方在减轻农民负担中取消了积累工和义务工，新的投入机制又没有及时形成，农田水利建设的供需矛盾更加突出，加大农田水利建设力度迫在眉睫。

（二）农田水利建设投入存在的问题

1. 农田水利建设投资占总水利投资的比重偏低

政府对末级渠系和田间工程等小型农田水利建设投入不足，农民投工投劳日益减少，田间渠系不配套，难以形成有效灌溉能力。国家对于干、支渠以下的农田水利建设投入历来很少，据有关部门统计，1980 ~ 2008 年农田水利投入占水利基本建设的比重平均只有 6%。农村税费改革后，全国平均每年减少农田水利基本建设投工投劳约 75 亿个工日。由于农村青壮年劳动力常年外出打工等原因，农村"一事一议"筹资酬劳的办法未能发挥预期作用。此外，由于一些地方财政困难，以往地方配套资金并未完全落实，也是造成农田水利建设投入不足的重要原因。

2. 农田水利建设投入渠道分散，难以提高使用效率

目前农田水利建设资金使用分散，难以形成合力。农田水利建设直接投入项目有9项，涉及国家七八个部门和更多的运行环节。例如，大型灌区续建配套与节水改造项目、大型灌溉排水泵站改造项目、节水灌溉示范项目由发改委、水利部负责；小型农田水利建设补助专项资金由财政部、水利部负责；全国农业综合开发中低产田改造项目由国家农业综合开发办负责；土地开发整理项目由财政部、国土资源部负责；中型灌区续建配套与节水改造项目由国家农业综合开发办、水利部负责；大型商品粮基地和优质粮产业工程项目由发改委、农业部负责。由于投入渠道分散，运行环节繁多，造成农田水利建设资金难以形成合力，不利于按照统一规划进行实施，项目监督和评估难度大，行政成本增加，重复建设和管理主体缺位的情形并存。

3. 小型农田水利建设、运行、管护和维修机制不健全，责任主体不明确

长期以来，由于小型农田水利建设产权不明晰、用水制度不完善和管护维修机制不健全，导致很多地方末级渠系和田间工程多年没有投入，村集体、农民用水组织管理和维护不到位，大量小型农田水利工程和大中型灌区的斗渠以下田间工程"有人用、没人管"，老化破损。灌区末级渠系工程配套不完善，"田间一公里沟渠"严重缺失，灌溉渠道质量差，渠道设置不合理，渠系运行和维护资金严重缺乏。根据陕西省的（典型）经验，小型灌区内每年仅清淤、水毁工程修复，平均每个劳力需投工5个劳动日。黑龙江省乡镇以下中小排水渠道5年一轮的疏浚率不足40%，干支斗农渠3年一轮的疏浚率不足50%，灌溉排水能力进一步下降，严重影响农业生产。

（三）强化农田水利建设投入与运行的对策

1. "多主体"构建中央、省、县乡、农民四位一体的供给主体新模式

国家应根据农田水利的不同性质，建立起由中央、省、县乡、农民四位一体的农田水利基础设施供给体制。采取以中央、省两级政府为主导，县乡财政适当配套的方式，着重解决好与当前农业经济发展、农民生活紧密相关的农田水利基础设施供给问题。比如，大型水利工程应由中央政府提供，在目前县乡财政比较困难的情况下，基本农田水利设施建设应通过省级政府对县级政府的转移支付来完成，即主要由省级政府"出钱"，县级政府"办事"的方式来完成；一些小型的农村社区内基础设施项目，比如小型农田水利建设，因为可以使农民直接受益，并且投资不大，可以采取农民投入为主，政府适当补贴的方式来投资建设。

2. "多渠道"构建财政渠道、市场渠道、其他渠道共同参与的筹资新模式

在农田水利基础设施建设与管理中，充足的资金是重要的保证。过去，投资渠道比较单一，大多依靠政府的财政投入。事实表明，仅仅靠政府财政远远不能为农村提供足够的农田水利基础设施服务。因此，需要构建"多渠道"筹资新模式，以此解决目前广泛存在的融资难题。（1）财政渠道。主要包括：财政预算内渠道、财政预算外渠道。（2）市场渠道。主要做法有：一是利用资本市场筹资，如发行长期基本建设国家债券；二是成立旨在推动农田水利建设的专项发展基金，同教育基金类似，国家拿出一部分资金建立水利基金，来解决农田水利设施的历史欠账问题。哪怕这些资金只占到 GDP 的 0.5%，产生的效果仍然是巨大的；三是向金融机构融资；四是利用减免税收和给予信贷优惠等政策，调动经济组织投资农田水利基础设施建设。（3）发行彩票渠道。通过发行彩票可以为政府增加收入，也可以为农田水利建设融资。美国、英国等西方发达国家的彩票融资规模已非常大，涉及的领域也很多，为公共事业提供了大量资金支持。我国目前在彩票方面的试点已相当成功，可以在借鉴发达国家经验和我国具体实践的基础上，通过发行农田水利基础设施建设和公共事业彩票的形式进行融资，解决当前投资不足的问题。（4）其他渠道。一是非政府组织筹资渠道；二是境外筹资渠道；三是个人筹资渠道；四是企业家捐助。

3. "多元化"构建政府引导、农民主体、社会广泛参与社会资源动员新格局

在农田水利基础设施建设与管理中，各级政府应该充分发挥财政资金的引导作用，以财政资金聚合社会资金投入农业，逐步构建起对农业、农村的多元化投入格局。农民资源投入一直是农田水利建设的主要资金和劳务来源之一。农田水利基础设施的主要服务对象是村庄社区内的农民，他们是主要的受益群体，农民资源从理论上应该成为社会动员的主体。在国家财力尚不十分雄厚的前提下，单方面地依靠政府的力量显然存在着困难。引导民间资金进入农田水利基础设施建设领域，是增加投入、提高效率的一项重要措施。

4. 重构农户合作机制，建立"农民本位"为主线的我国农田水利建设投入与管理机制

农田水利建设需要集体行动，分田到户后，与过去相比难以组织起大的农田水利建设，重构农户合作机制，引入用水者协会等合作模式，政府适当补贴，帮助其自立发展，最终促使农户参与农田水利基础设施的建设，创造良好的基础设施投资、建设、应用和维护机制。建立"自下而上"的农民需求表达机制，保证农民的声音在农田水利基础设施建设中得到体现，以农民的需求作为建设项目选择决策的依据，提高农民的组织化程度，降低交易成本，增加农民参与项目管理的相关监督机制等。中国一直在寻找将其传统水管理系统分权的方法，农民的参与被政府认为是一个有效的方法，本研究的发现表明用水者协会可以成为灌溉管理转权改革的方向和选择，可以更好地解决灌溉管理中的效率和公平问题。

参考文献

［1］ Bos M G, et al. Methodologies for assessing performance of irrigation and drainage management ［J］. Irrigation and Drainage Systems, 1994, 7 (4): 231 -261.

［2］ Frederiksen Harold D. Considerations in the transfer of responsibilities for services in the water resources sector ［M］, 1995.

［3］ Makadho J M. Water delivery performance. Paper presented at UZ/IF-PRI/Agritex Workshop on Irrigation Performance in Zimbabwe, Juliasdale, Zimbabwe, August 4 -6, 1993 (proceedings forthcoming).

［4］ Meinzen-Dick, R. Timeliness of Irrigation: Performance indicators and Impact on production in the Sone Irrigation System Bihar ［J］. Irrigation and Drainage System 9: 371 -385 , 1995.

［5］ Meinzen-Dick R. Adequacy and timeliness of irrigation supplies under conjunctive use in the Sone irrigation system, Bihar. In: Svendsen, M. &Gulati, A. (eds) ［M］. Strategic Change in Indian Irrigation. Washington, DC: International Food Policy Research Institute, 1994.

［6］ Shah T. Water Markets and Irrigation Development in India ［J］. India Journal of Agricultural Economics, 1991, 46 (3): 335 -348.

［7］ Vermillion D L and C Carces-Restrepo. Result of Irrigation Management in Two Irrigation Districts in Colombia, IIMI Research Paper No. 5. Colombo ［J］. International Irrigation Management Institute, 1996.

［8］ Wang S. Managing Water Resources and Ensering Food Security in China, ［M］. Keynote Address at the Water Week, Washington, D. C: World Bank March 1 -3, 2005.

［9］ World Bank. Case Studies in Participatory Irrigation Management ［M］. ed. Groenfeldt, D. and M. Svendsen. Washington DC: World Bank, 2000.

［10］ World Bank. User Organizations for Sustainable Water Services ［M］. ed. Subramanian. A., N. V. Jagannathan, and R. S. Meinzen-

Dick. World Bank Technical Paper 354. Washington D C：World Bank，1997.

［11］World Bank. Public and Private Tubewell Performance：Emerging Issues and Options ［M］. Pakistan Subsector Report. Washington D C：World Bank，1984.

［12］World Bank. Water Resources Management：A World Bank Policy Paper ［M］. Washington D C：World Bank，1993.

［13］World Bank. User Organizations for Sustainable Water Services ［M］. Washington D C：World Bank，1997.

［14］Zhang, Lubiao. Farmer Users' Associations for Water Management in North China ［J］. Paper presented at the World Congress of Resource and Environmental Economists in Venice，May 1997.

［15］樊胜根，钱克明．农业科研与贫困 ［M］. 北京：中国农业出版社，2005.

［16］樊胜根，张林秀，张晓波．我国农村公共投资在农村经济增长和反贫困中的作用 ［J］. 华南农业大学学报（社会科学版）. 2002，1（1）：1－13.

［17］国家发展改革委，水利部，建设部．水利发展"十一五"规划，2007.

［18］刘静，张陆彪．农村小型水利改革效果分析 ［J］. 我国农业节水与国家粮食安全论文集，2010：112－133.

［19］汪恕诚．解决我国水资源短缺问题的根本出路——汪恕诚部长答学习时报记者问 ［J］. 我国农村水电及电气化，2006，8：1－3.

［20］王金霞，黄季焜．滏阳河流域的水资源问题 ［J］. 自然资源学报，2004，19（4）：424－429.

［21］徐成波，赵健，王薇．农民用水者协会建设经验与体会 ［J］. 中国水利，2008，7：37－39.

［22］中国气象局．中国气象灾害年鉴2010 ［M］. 北京：气象出版社，2010.

［23］国务院研究室．我国农业节水领域重大突破［D］．2004，免费论文网（http：//www.66wen.com/06gx/shuili/shuiwen/20060803/19183.html）．

［24］韩洪云，赵连阁．农户灌溉技术选择行为的经济分析［J］．中国农村经济，2000.

［25］胡瑞法．种子技术管理学概论［M］．北京：科学出版社，1998.

［26］黄季焜．农业技术从产生到采用：政府、科研人员、技术推广人员与农民行为比较［J］．科学对社会的影响，1999.

［27］林毅夫．制度、技术与中国农业发展［M］．上海：上海人民出版社，1994.

［28］罗其友．节水农业水价控制［J］．干旱区资源与环境，1998.

［29］钱智．新疆经济社会可持续发展中的水资源问题及其对策［J］．2006，中国水利部网（http：//www.mwr.gov.cn/ztbd/2006/20060601/73869.asp）．

［30］汪三贵，刘晓展．信息不完备条件下贫困农民接受新技术分析［J］．农业经济问题，1996.

［31］朱希刚，黄季焜．农业技术进步测定的理论方法［M］．北京：中国农业出版社，1994.

［32］朱希刚，赵绪福．贫困地区农业技术采用的决定因素分析［J］．农业技术经济，1995.